POSTVERSANDANSTALT
ALTENBURG THÜR.

Faserforschung und Textiltechnik

WISSENSCHAFTLICH-TECHNISCHE ZEITSCHRIFT FÜR DIE TEXTILINDUSTRIE

HERAUSGEGEBEN VON
ERICH CORRENS
WALTER FRENZEL

AKADEMIE-VERLAG BERLIN

8
1951

Faserforsch. u. Textiltechn. · 2. Jahrg. · 8. Heft · Seiten 299-339 · Berlin im August 1951

KWO
Gesenk-Warmpreßteile
sowie montierte Fertigteile für die Textilindustrie und alle anderen Industriezweige aus Schwer- und Leichtmetallen sowie Stahl einbaufertig oder fertigteilnahe
Maßhaltigkeit in engen Grenzen
Saubere Oberfläche
Dichtes Gefüge
KABELWERK OBERSPREE
Berlin-Oberschöneweide

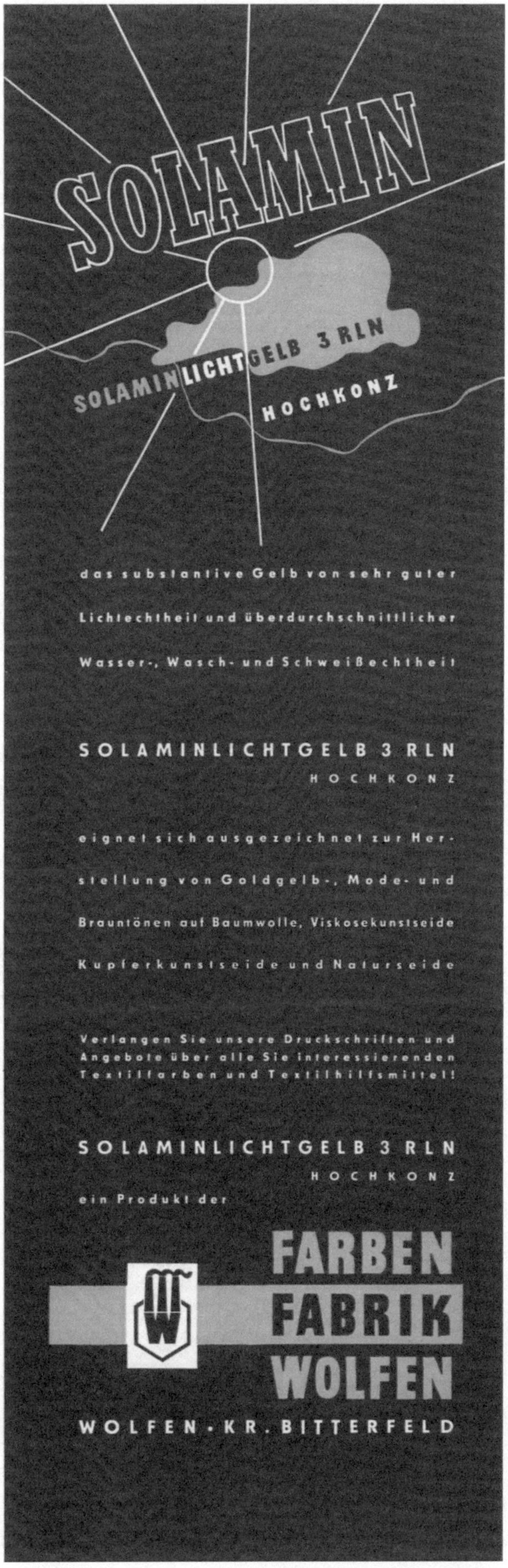

SOLAMIN
SOLAMINLICHTGELB 3 RLN
HOCHKONZ
das substantive Gelb von sehr guter Lichtechtheit und überdurchschnittlicher Wasser-, Wasch- und Schweißechtheit
SOLAMINLICHTGELB 3 RLN
HOCHKONZ
eignet sich ausgezeichnet zur Herstellung von Goldgelb-, Mode- und Brauntönen auf Baumwolle, Viskosekunstseide Kupferkunstseide und Naturseide
Verlangen Sie unsere Druckschriften und Angebote über alle Sie interessierenden Textilfarben und Textilhilfsmittel!
SOLAMINLICHTGELB 3 RLN
HOCHKONZ
ein Produkt der
FARBEN
FABRIK
WOLFEN
WOLFEN - KR. BITTERFELD

Faserforschung und Textiltechnik

8
1951

WISSENSCHAFTLICH-TECHNISCHE ZEITSCHRIFT FÜR DIE TEXTILINDUSTRIE

HERAUSGEGEBEN VON
ERICH CORRENS
WALTER FRENZEL

INHALT

Über die pharmakologische und physiologische Wirkung des ε-Caprolactams

Dr. Friedrich Hohensee
Aus dem Pharmakologischen Institut der Universität Leipzig und dem Institut für Mikrobiologie Jena

Im folgenden wird über die Ergebnisse einer Untersuchung berichtet, die angesetzt wurde mit dem Ziel, die Schädigungsmöglichkeit durch den Perlon-Grundstoff ε-Caprolactam (im folgenden abgekürzt als Lactam bezeichnet) zu studieren.

Eine eingehende Untersuchung des Lactams war erforderlich, weil anläßlich der großtechnischen Verwendung der Substanz bei der Perlonherstellung überprüft werden sollte, ob durch den ständigen Umgang mit der Verbindung bei der Polymerisation eine Schädigungsmöglichkeit für die damit beschäftigten Arbeiter zu erwägen sei. Darüber hinaus war die Untersuchung notwendig, weil bekanntlich auch in den Perlonfabrikaten (Seide bzw. Faser und den Fertigwaren daraus) stets Spuren von Lactam (etwa 0,3 bis 0,5%) nachgewiesen werden können, über deren biologische Wirkung beim Tragen von Kleidungsstücken aus Perlon keine Kenntnisse vorlagen (*Kordes* und Mitarbeiter). Die Untersuchung beschränkte sich deshalb auf das Lactam, weil die höheren Polymerisationsprodukte — schon vom Dimeren an — sich im biologischen Milieu vollkommen inert verhalten. Das Perlon selbst hat bekanntlich kristalline Struktur und ist in seinen physikalisch-chemischen Eigenschaften am ehesten mit einem Metall zu vergleichen (*Gabler*).

Über die physiologische Wirkung des Lactams waren in der neueren Literatur keine Anhaltspunkte zu finden. Nach der ersten chemischen Darstellung durch *Wallach* (1901) über das Hexanonisoxim erfolgte eine pharmakologische Untersuchung durch *Jakobi*, deren Ergebnisse in einer später folgenden ausführlichen experimentellen Untersuchung von *Jakobi* gemeinsam mit *Hayashi* und *Szubinski* in extenso dargestellt wurden. Die damals erhobenen Befunde ergaben, daß das Lactam ein medulläres Krampfgift ist.

In den Experimenten, über die im folgenden berichtet werden soll, wurde neben der Bestimmung der akuten Toxizität (Giftwirkung) besonderer Wert auf die Schädigungsmöglichkeit bei chronischer Verabreichung subletaler (nicht tödlicher) Dosen gelegt in der Absicht, festzustellen, ob bei andauerndem Umgang mit Lactam eine Gefahr für den menschlichen Körper besteht.

Neben der Beobachtung der funktionellen Störungen durch eine Lactamgabe wurde das Substrat von tödlich vergifteten und vergifteten Versuchstieren pathologisch-anatomischen und mikroskopischen Untersuchungen unterzogen.

Zur allgemeinen Frage der Reaktion von Lactam mit biologischer Substanz (lebendes Eiweiß) wurde neben dem Verhalten der roten Blutkörperchen auch das Bakterienwachstum mit Lactam beobachtet.

Einige Antidot-Versuche wurden zur Darstellung besonderer pharmakologischer Mechanismen des Lactams, d. h. seiner Krampf- und Weckwirkung sowie seiner atmungsstimulierenden Effekte, angestellt.

Auf die Chemie des Lactams sei in diesem Rahmen nicht eingegangen. Erwähnt sei nur, daß die Verbindung bei der Perlonherstellung in einem für ein technisches Produkt ungewöhnlich hohen Reinheitsgrad von über 98 % vorliegt. Der Rest setzt sich aus Wasser und analytisch nicht näher zu definierenden aromatischen Verbindungen zusammen (*Klare*).

Die Vergiftungsmöglichkeit bzw. Anhaltspunkte für eine solche waren im Polymerisationsprozeß zu suchen. Dieser erfolgt in geschlossenen Autoklaven, welche kurzfristig zur Nachfüllung mit Lactam geöffnet werden. Am unteren Pol dieser Reaktionsgefäße sind die Spinndüsen angebracht, aus welchen die Fäden direkt in die Luft austreten, erstarren und aufgewickelt werden. Im Bereich des Düsenkopfes und um die Spinndüsen herum tritt in größerem Umfang die im Autoklaven unter Druck stehende Lactamschmelze verschiedener Polymerisationsgrade als Dampf aus. Die übersättigten Lactamdämpfe kondensieren sich in der Kälte rasch und schlagen sich an Türklinken, Fensterrahmen und ähnlichen kalten Gegenständen als Film und in Kristallform nieder. Die Luft im Spinnraum hat einen bitteren Geschmack.

Einige Arbeiter aus der Spinnerei berichten, daß sie am Ende der Schicht reizbar, nervös, unbeherrscht und z. T. benommen seien. Diese Erscheinungen verstärkten sich, wenn mehrfacher Düsenwechsel vorgenommen wurde. Sie beobachteten öfter Nasenbluten, Katarrhe der oberen Luftwege und trockene und aufgesprungene Lippen und Nasen. Einige haben Blähungen, Sodbrennen und Schweregefühl im Magen beobachtet. Alle diese Erscheinungen sind nach einem Aufenthalt in frischer Luft rasch abgeklungen.

Zur Toxizität

Methodik. Hier wie in allen folgenden Versuchen wurde das technische Lactam so, wie es zur Perlonherstellung verwendet wird, benutzt. Die Versuchsmengen der in den Leunawerken hergestellten Verbindung wurden mir vom Kunstfaserwerk „Wilhelm Pieck" zur Verfügung gestellt. Sämtliche Injektionslösungen wurden vor Beginn des Versuches frisch bereitet und in isotonischer Lösung injiziert. Die akute Toxizität wurde an Ratten und Mäusen in Injektionsversuchen bei intravenöser, subkutaner und intraperitonealer Injektion ermittelt. Weiterhin wurde die Giftigkeit bei oraler Aufnahme bestimmt.

Die DL 50 (Dosis letalis 50 %) beträgt an Mäusen bei subkutaner Injektion 754 mg/kg. Bei intraperitonealer Gabe wurde bei den gleichen Versuchstieren die DL 50 mit 575 mg/kg bestimmt. Bei intravenöser Gabe starben 50 % der Versuchstiere nach 480 mg/kg (die Fehlerberechnung erfolgte nach der *Kärber*-Formel; die Zahl der Versuchstiere betrug je Versuchsreihe 35 bis 50 Stück). Oral gegeben waren ungefähr 1200 mg/kg tödlich.

Für Ratten lagen die Werte in der gleichen Größenordnung. Die hier gefundenen tödlichen Grenzkonzentrationen stimmen gut mit den früher von *Jakobi* und Mitarbeitern berichteten Ergebnissen überein.

Bei allen Versuchstieren traten im Bereich der wirksamen Dosen klonische Krämpfe auf. Die Krampfanfälle wechselten im Anfang einer tödlichen Vergiftung mit krampffreien Intervallen ab, in welchen die Tiere ruhig und unauffällig saßen oder sich bewegten. Die Atmung schien in vielen Fällen vertieft und manchmal beschleunigt. Der Tod trat immer im Krampfanfall ein; in den krampffreien Stadien der fortgeschrittenen Vergiftung waren die Tiere desorientiert und lagen z. B. in Rücken- oder Seitenlage.

In chronischen Versuchen wurde einer Gruppe von 8 Tieren 42 Tage lang täglich 50 mg/kg Lactam oral mit Schlundsonde appliziert. Einer zweiten Gruppe von 8 Tieren wurde über den gleichen Zeitraum täglich 150 mg/kg Lactam gegeben. Zusätzlich wurde zweimal 3 Kontrolltieren täglich in der gleichen Zeit eine gleichgroße Wassermenge mit Schlundsonde verabreicht. Alle Tiere überlebten die Versuche, ohne krankhafte Veränderungen zu zeigen. Am Ende des Versuchsabschnittes wurde die Hälfte der im Versuch befindlichen Tiere getötet und seziert. Es fanden sich bei makroskopischer Untersuchung an den inneren Organen keine Anzeichen für pathologische Veränderungen. Der Rest der Tiere wurde nach Beendigung des Versuches unter den üblichen Ernährungsbedingungen am Leben belassen und beobachtet. Die Tiere zeigten in bezug auf Futteraufnahme, Gewichtszunahme, Reproduktionsfähigkeit und Lebensdauer keinen Unterschied zu den Normaltieren. Die Beobachtungen wurden 42 Tage nach Versuchsende abgebrochen.

Einer zweiten Serie von zweimal 8 Tieren und zweimal 3 Kontrolltieren wurde 42 Tage lang täglich 50 mg/kg bzw. 150 mg/kg Lactam subkutan injiziert. Auch diese Tiere zeigten während des Versuches keinerlei krankhafte Veränderungen. Die pathologisch-anatomische Untersuchung und die Beobachtung nach dem Versuch wurde analog dem oben angegebenen Verfahren gehandhabt. Auch hier ergaben sich keinerlei Anzeichen für krankhafte Veränderungen.

Um die Möglichkeit einer Lactamaufnahme per inhalationem zu überprüfen, wurden Meerschweinchen in einer Begasungskammer Lactamdämpfen ausgesetzt. Die Versuchsanordnung war so getroffen worden, daß über einer Lactamschmelze (bis maximal 180° C) der Lactamdampf abgesaugt und in den Begasungsraum eingeleitet wurde. Das Luftvolumen wurde mit Gasuhr gemessen und der Lactamgehalt durch die Gewichtsabnahme der Einwaage der Lactamschmelze ermittelt. Der Lactam-Luftgehalt wurde nach Absorption der Schwefelsäure im *Kjeldahl*-Verfahren gemessen. Diese Begasungsversuche wurden an zweimal 3 Tieren 26 bzw. 30 Tage lang durchgeführt. Die Spontanmotilität der Versuchstiere wurde durch Übertragung des beweglichen Fußbodens der Begasungsapparatur mit einer *Marey*schen Kapsel registriert. Die tägliche Versuchsdauer betrug 5 bis 8 Stunden. Alle Versuchstiere zeigten nach Beendigung des Versuches äußerlich keine krankhaften Veränderungen. Zwei der Tiere wurden nach Beendigung des Versuches eingehend pathologisch-anatomischen und histologischen Untersuchungen unterzogen[1]. Es ergab sich folgender Befund:

Als pathologische Veränderungen finden sich bei Meerschweinchen I:

Eine eitrige Entzündung kleiner Luftröhrenäste mit Herdpneumonien in mehreren Lungenlappen sowie eine mäßige Verfettung der Leberzellen.

Als pathologische Veränderungen finden sich bei Meerschweinchen II:

Ein ganz geringfügiger entzündlicher Reizzustand im Bereich der Nasenschleimhaut sowie eine geringfügige Entzündung der kleinsten Luftröhrenäste mit eben beginnender herdförmiger Lungenentzündung. Ferner fand sich ein geringer Reizzustand der Milz.

12 Meerschweinchen wurden zur Überprüfung der Möglichkeiten perkutaner Resorption auf einem 4 cm × 6 cm großem rasierten Hautbezirk des Rückens täglich (62 Tage lang) mit einer 10 %igen (4 Tiere) und 5 %igen (4 Tiere) wäßrigen Lactamlösung eingerieben: 4 weitere Tiere wurden mit einer 10 %igen Aufschwemmung einer wasserunlöslichen Suspension des di- und trimeren Lactam (je 5 %) über die gleiche Zeit behandelt.

4 Kaninchen erhielten täglich 24 Tage lang 3 bis 4 Tropfen einer 10 %igen (2 Tiere) und einer 5 %igen (2 Tiere) Lactamlösung auf die Cornea und die Schleimhäute der Augen aufgeträufelt. Bei diesen und den vorstehend genannten Versuchen waren an den Tieren keine krankhaften Veränderungen festzustellen.

3 gesunden erwachsenen Versuchspersonen (1 ♂, 2 ♀) wurde täglich (35 Tage lang / 8 Stunden täglich) auf die Innenseite des linken Unterarmes ein 3 cm × 4 cm großes Mulläppchen mit 5 %iger Lactamlösung aufgebunden. Diese Behandlung wurde in zwei Fällen ohne Beeinträchtigung vertragen. Eine Versuchsperson (Gravida Mens 6) zeigte nach 20 Versuchstagen eine leichte, später zunehmende Rötung des Hautbezirks, welche am 30. Tage zum Abbrechen der Lactambehandlung zwang.

Zusammenfassend ergeben die Resultate der toxikologischen Untersuchung des Lactams:

1. Eine akute Vergiftung durch die Aufnahme einer tödlichen bzw. toxischen Lactammenge im Produktionsprozeß durch Zufall oder Versehen ist auch bei ungünstigsten Verhältnissen auszuschließen. Die tödliche Dosis würde für einen Menschen die Aufnahme von etwa 70 g Lactam bedeuten, eine Menge, die nur in vorsätzlicher Absicht eingenommen werden könnte.

2. Chronische Versuche ergaben, daß recht hohe Dosierungen — wenn diese unter der Krampfschwelle liegen — über lange Zeit auch bei optimaler Aufnahme (durch Injektion und orale Gabe) ohne Schädigung im Tierversuch vertragen werden.

3. Die Aufnahme des Lactams durch Inhalation ist ein Resorptionsmodus, welcher schon physiologisch bei einer wenig flüchtigen Substanz zu einer geringen Aufnahme führt. Die zur Vergiftung notwendigen hohen Lactammengen werden auf diesem Wege keinesfalls resorbiert werden können. Der Lactamgehalt der Luft im Laborraum (Erdgeschoß) und im Spinnraum der alten Perlonanlage betrug nach einer werkeigenen Untersuchung 16 bis 17 mg/m^3 im Laborraum und 61 mg/m^3 im Spinnraum. Die in den hier angesetzten Tierversuchen erreichte mittlere Lactamkonzentration der Luft betrug 51 mg/m^3. Die Versuchsbedingungen entsprachen also ungefähr den Verhältnissen am Arbeitsplatz. Es zeigten sich an den Tieren keine krankhaften Veränderungen. Besonders wurde die Spontanmotilität — als Zeichen unterschwelliger Krampfwirkungen — nicht verändert. Die feingewebliche Untersuchung ließ Erosionen im Nasen-Rachenraum erkennen. Dieser Befund stimmt auffallend mit den am Arbeitsplatz geäußerten Beschwerden überein und kann so gedeutet werden, daß es bei der Einatmung der Lactamdämpfe ebenso wie

[1] Diese — hier auszugsweise wiedergegebenen — Untersuchungen wurden liebenswürdigerweise von Herrn Dr. med. habil. *H. Eßbach* vom Pathologischen Institut der Universität Leipzig übernommen.

an unbelebten Gegenständen im Spinnraum zu Lactamniederschlägen kommt. Die so gebildeten Lactamkristalle führen im Nasen-Rachenraum einerseits zu Erosionen, welche die Nasenblutungen herbeiführen, und andererseits durch das Bestreben, im schleimig-wäßrigen Milieu der oberen Luftwege in Lösung zu gehen, dort zu Austrocknungserscheinungen, welche die Katarrhentstehung begünstigen. Es kann somit gesagt werden, daß die am Arbeitsplatz beobachteten Affektionen der oberen Luftwege nicht auf einer spezifischen — d. h. pharmakologischen — Lactamwirkung beruhen, sondern ein Erscheinungsbild der physikalischen Reaktion eines hochgesättigten bzw. übersättigten Dampfes mit der Umwelt im Spezialfall des biologischen Milieus darstellen. Die Kopfschmerzen müssen als Reaktion auf den Geruch und den unangenehmen Geschmack der Lactamdämpfe angesehen werden.

Versuche an Kaltblütern

Zur Prüfung der Abwässervergiftung durch Lactam wurden Fische (Silberorphen, Moderlieschen) in Schwimmversuchen verschiedenen Lactamkonzentrationen ausgesetzt.

Lactam	Befund
1%	tot nach 10 Stunden
0,5%	,, ,, 18 ,,
0,25%	,, ,, 62 ,,
0,1%	30 Tage ohne krankhafte Veränderung
0,01%	30 ,, ,, ,, ,,
0,001%	30 ,, ,, ,, ,,
ohne	30 ,, ,, ,, ,,

Im Konzentrationsgleichgewicht, d. h. unabhängig von Resorption und Elimination, konnte so ebenfalls geprüft werden, welche minimale Lactamkonzentration zu einer biologischen Wirkung notwendig ist.

An Fröschen (Rana esculenta) ergaben gleichlaufende Untersuchungen, daß zum Tode im Schwimmversuch eine Lactamkonzentration von 1 : 200 notwendig ist. Die Tiere resorbierten das Lactam perkutan und starben nach Krämpfen unter Lufthungerstellung und Schreien.

Aus diesen Versuchen ergibt sich, daß zur Schädigung von Wasserlebewesen eine 0,25%ige Lactamkonzentration notwendig ist. Eine Unterschreitung dieser Grenze dürfte ohne schwerwiegende Schäden des biologischen Milieus eines Flusses überstanden werden können. Dazu kommt, daß diese minimale tödliche Grenzkonzentration von 0,25% Lactam keine akut tödliche Wirkung hat, sondern lange Zeit (in unserem Falle 62 Stunden) einwirken müßte, um zum tödlichen Ausgang zu führen. Eine so hohe Lactamgabe im Abwasser zu unterhalten, wird im technischen Betrieb nie möglich sein. Eine biologische Veränderung im Abwasser durch Lactamzugabe ist im Rahmen der Perlonproduktion auszuschließen.

Zur Wirkung des Lactams auf Einzeller

Es ist nicht ohne Interesse, die Wirkung einer Substanz auf einzellige Lebewesen zu untersuchen, weil, wenn eine Verbindung einen grundsätzlichen Angriff auf biologische Substrate haben sollte, dieser in einer solchen übersichtlichen Versuchsanordnung am ehesten zu erfassen wäre.

In Hämolyseversuchen an einer 2%igen Erythrozyten-Aufschwemmung frischen menschlichen Blutes gesunder Blutspender wurde durch Lactamzusatz in Konzentrationen bis 1 : 50 = 2% eine Hämolyse nach 2 Stunden beobachtet.

Das kulturelle Verhalten einiger Bakterienarten wurde auf Agarplatten mit Lactamzusatz untersucht. Lactam wurde in 2 Versuchsreihen dem Agar zugesetzt:

In Reihe a) jeweils 1,0 einer sterilen Lactamlösung 1 : 100, 1 : 1000, 1 : 10000 zu je 10,0 flüssigem Agar gemischt und auf der erstarrten Platte die Aussaat der Keime vorgenommen;

in Reihe b) wurde je eine Agarplatte mit 1,0 Lactamlösung 1 : 100 und 1 : 1000 übergossen und bis zum Eintrocknen im Brutschrank stehen gelassen. Auf die getrocknete Agarplatte wurden dann die Keime ausgesät.

Untersuchte Bakterienstämme:

Bac. subtilis,	Bac. coli commune,
Staphyloc. aureus,	Bac. pyocyaneum.

Eine erkennbare hemmende Wirkung auf das Bakterienwachstum durch Lactam tritt erst in Konzentrationen von 1 : 1000 auf, während die höheren Konzentrationen keine Wirkung aufweisen. In den wirksamen Konzentrationen wurden Variationen der Kolonieformen beobachtet, die jedoch nach Überimpfung auf eine Blutplatte zur Normalform zurückkehrten. Die Wachstumshemmung betrifft in höheren Konzentrationen alle untersuchten Bakterienarten (aerobe Sporenbildung, gramnegative Stäbchen und grampositive Kokken) gleichermaßen. Eine wachstumsfördernde Wirkung konnte in keinem Fall beobachtet werden[2].

Zur speziellen Pharmakologie

In Blutdruckversuchen an Katzen und Kaninchen untersuchten wir die Lactamwirkung bei intravenöser Injektion auf den Blutdruck. Es ergab sich dabei, daß am Kaninchen eine Gabe von 10 mg/kg einen kurzen flüchtigen Blutdruckanstieg hervorruft. 50 mg/kg Lactam, Katzen injiziert, erzeugten einen Blutdruckanstieg von etwa 20 mm Hg. Diese Wirkung ist recht lange anhaltend, und der Blutdruck erreicht nach 20 bis 25 Minuten seinen Ausgangswert. Der Blutdruckanstieg wurde auch an dekapitierten, vagotomierten und atropinisierten Katzen beobachtet. Manchmal allerdings wurde während oder auch ganz kurz nach der Lactaminjektion ein initialer Blutdruckabfall

[2] Die hier gekürzt wiedergegebenen bakteriologischen Untersuchungen wurden liebenswürdigerweise von Herrn Dr. *Mücke* vom Hygiene-Institut der Universität Leipzig durchgeführt.

registriert. An dekapitierten und vagotomierten Tieren trat die Vergrößerung der Amplitude, welche nach Lactam öfter gesehen wurde, besonders deutlich hervor.

Der initialen Blutdrucksenkung am Ganztier parallel ging eine flüchtige Hemmung der Herztätigkeit am isolierten Froschherzen nach *Straub*. Diese Erscheinung war im Konzentrationsbereich von 1 : 10000 bis 1 : 5000 zu beobachten. Im Anschluß daran setzte die positiv inotrope Lactamwirkung ein. Die Eigenwirkung des Lactams am Herzen lag im gleichen Konzentrationsbereich wie die des Cardiazol. Die Wirkung von Adrenalin und Acetylcholin wurde durch den Lactamzusatz nicht beeinträchtigt. Es ist wahrscheinlich, daß der Blutdruckabfall bei intravenöser Lactamgabe auf eine kurze direkte Herzwirkung zurückzuführen ist.

Die Gefäßwirkung des Lactams am *Läwen-Trendelenburg*schen Frosch-Durchströmungspräparat war gering. Erst bei Perfusionen mit einer 1 %igen Lactamlösung wurde eine geringe Gefäßkontraktion gesehen.

Die Peristaltik von isolierten Meerschweinchen- und Kaninchendärmen (*Magnus*-Methode) wurde durch einen Lactamgehalt von 1 : 20000 bis 1 : 5000 der Nährlösung gehemmt bzw. aufgehoben. Die Acetylcholin- und Histaminkontraktur der Duodenalstreifen wurde durch Lactam durchbrochen.

Die Atmungslähmung von Kaninchen nach 15 mg/kg Morphin wurde durch direkte Luftübertragung aus der Nase mit *Marey*scher Kapsel registriert und die Veränderung der Atemfrequenz nach intravenöser Lactaminjektion beobachtet. 500 mg/kg Lactam waren hier wirkungsäquivalent einer Gabe von 50 mg/kg Cardiazol. Die durch Morphin verlangsamte Atemfrequenz wurde sofort stark beschleunigt und später auch das Atemvolumen vergrößert. Die Wirkung einer Lactamgabe hielt 15 bis 20 Minuten an.

Die Bestimmung der unteren Krampfschwelle geschah an Mäusen bei subkutaner Injektion. 9 Versuchsgruppen zu je 10 Tieren wurden verschiedene Lactammengen gespritzt und die mittlere Krampfdosis mit 210 mg/kg bestimmt.

Die Schlafdauer von Mäusen nach Pernoctonnarkose (50 mg/kg subkutan) betrug 178 $\pm$ 65 Minuten (32 Versuchstiere). 100 mg/kg Lactam 20 Minuten nach der Pernoctongabe (20 Versuchstiere) verkürzten die Schlafzeit auf den mittleren Wert von 63 $\pm$ 29 Minuten. 400 mg/kg Lactam verringerten die Schlafdauer auf 26 $\pm$ 14 Minuten (15 Versuche).

Zusammenfassung

In der vorliegenden Untersuchung wird über die Toxikologie des zur Perlonherstellung verwendeten Grundstoffes ε-Caprolactam berichtet. Die umfangreichen Tierexperimente ergaben, daß eine Gefährdung der Perlonarbeiter durch das Krampfgift Lactam nicht zu befürchten ist. Auch andere Lebewesen sind durch das Lactam bei der Perlonherstellung nicht gefährdet. Die geringen Gesundheitsstörungen der Perlonarbeiter werden durch die ausfallenden Lactamkristalle im Nasen-Rachenraum erklärt. Einige pharmakologische Befunde bei der Untersuchung des Lactam werden beschrieben. Auf Grund der vorliegenden Untersuchungen darf weiterhin als sicher angenommen werden, daß eine schädigende Wirkung durch die Spuren Lactam, welche die Perlonfertigwaren enthalten, nicht anzunehmen ist.

Die hier vorgelegte Untersuchung wurde auf Grund einer Anregung des Leiters des Thüringischen Kunstfaser-Werkes „Wilhelm Pieck", Schwarza VEB, Herrn Dr. *Correns*, vorgenommen. Ich danke Herrn Dr. *Correns* für das ständige Interesse und die Förderung der Arbeit durch die Bereitstellung von Forschungsmitteln. Herrn Dr. *Klare* vom Thüringischen Kunstfaser-Werk „Wilhelm Pieck", Schwarza VEB, bin ich für zahlreiche Informationen und Hinweise bei der Arbeit verbunden.

Literatur

Jacobi, *C.*, Nachr. Kgl. Ges. Wiss. Göttingen 1902.

Jacobi, *C.*, *Hayashi* und *Szubinski*, Untersuchungen über die pharmakologische Wirkung der zyklischen Isoxime der hydroaromatischen Kohlenwasserstoffe unter vergleichender Berücksichtigung der entsprechenden zyklischen Ketone, Imine und Oximien. Arch. exper. Pathologie und Pharmakologie 50 (1903) S. 199.

Beilsteins Handbuch der Organischen Chemie, Bd. XXI, S. 240.

Gabler, *R.*, Zur kristallinen Struktur der Polyamide, Naturwiss. **35** (1948) S. 284.

Klare, Persönliche Mitteilung.

Kordes, *E.*, *Günther*, *F.*, *Büchs*, *L.*, u. *Göltner*, *W.*, Optische und röntgenographische Untersuchungen an der vollsynthetischen Perlonfaser. Kolloid-Z. **119** (1950) S 23.

Eingegangen am 2. Juni 1951

Über die Ursachen des Auftretens von Strukturviskosität in Lösungen von linearen Makromolekülen

Eine kritische Darstellung der heutigen Anschauungen

Dr.-Ing. Kurt Edelmann

Aus dem Institut für Faserstoff-Forschung, Teltow-Seehof, der Deutschen Akademie der Wissenschaften zu Berlin

Allgemeines

Es ist bekannt, daß reine Flüssigkeiten, wie Kohlenwasserstoffe, dem *Newton*schen Reibungsgesetz und dem *Hagen-Poiseuille*schen Gesetz gehorchen [1]:

$$-\tau = \eta \cdot \frac{dv}{dn} \qquad (1)$$

Die Viskosität η ist eine Konstante, und zwar bezeichnet sie das Verhältnis der Schubspannung τ zum Geschwindigkeitsgefälle $\frac{dv}{dn}$, wobei der Vektor der Schubspannung dem Vektor der Geschwindigkeit v entgegengesetzt ist.

Die Lösungen niedermolekularer Stoffe gehorchen ebenfalls diesem Gesetz. Jedoch schon geringe Mengen makromolekularer Substanzen, besonders die aus Fadenmolekülen aufgebauten, erhöhen die Viskosität ihres Lösungsmittels ungewöhnlich stark, so daß sich Abweichungen von dem *Newton*schen Reibungsgesetz ergeben. Man kann nur noch sagen

$$-\tau = f \cdot \frac{dv}{dn} \tag{2}$$

Die Viskosität ist bei den makromolekularen, also nicht-*Newton*schen Lösungen, keine Materialkonstante mehr, kein Proportionalitätsfaktor zwischen Schubspannung und Geschwindigkeitsgefälle, sondern nur eine Funktion dieser beiden. Zur Bestimmung ihres Fließverhaltens genügt nicht mehr eine Viskositätsmessung, sondern es ist die Aufnahme einer Fließkurve erforderlich.

Die Viskosität kann bei steigendem Geschwindigkeitsgefälle abnehmen, aber vor allem bei höheren Konzentrationen auch zunehmen oder keine stationären Zustände erreichen [2]. Als Ursache dieser Fließanomalien hat als erster *Wo. Ostwald* [3] Strukturbildung in der Flüssigkeit erkannt und den Begriff „Strukturviskosität" gebildet.

Betrachtet man das *Einstein*sche Viskositätsgesetz für Suspensionen mit kugelförmigen Teilchen bei unendlicher Verdünnung unter Anwendung der Gesetze der Hydrodynamik, so ist dieses zu einfach, um seine Gültigkeit zur Beschreibung des viskosen Verhaltens von Suspensionen mit Fadenmolekülen erwarten zu können. Die sehr zahlreichen und verschiedenartigen mechanischen Fließeigenschaften dieser Stoffe im reinen Zustand [4] weisen auf mehrere und kompliziertere Ursachen der Störungen hin, die sich stets in einer Erhöhung der Viskosität äußern. Betrachten wir nun die maßgebenden Eigenschaften der Kolloidteilchen, die einen Einfluß auf die Viskosität von Lösungen makromolekularer Substanzen ausüben [5], so sind dies:

1. die absolute Größe der Teilchen;
2. die Form der Teilchen, z. B. kugelig, gestreckt;
3. die Deformierbarkeit, z. B. geknäuelt;
4. die Solvatation;
5. die elektrische Ladung, die jedoch bei den Organosolen im Gegensatz zu den hydrophilen Solen keine große Rolle spielt.

Durch gemeinsame Anwendung der Knäueltheorie [6] und der osmotischen Auslegung der Quellung bzw. der Solvatation [7] ist es möglich, den Mechanismus des viskosen Verhaltens von Fadenmolekülen in Lösung und damit der Strukturviskosität zu erklären, was im folgenden geschehen soll.

Das Problem der Strukturviskosität ist hauptsächlich deshalb von besonderer Bedeutung, weil von *Staudinger* [8] die Viskositätserhöhung zur Bestimmung des mittleren Polymerisationsgrades makromolekularer Substanzen vorgeschlagen worden ist. Nach *Staudinger* besteht zwischen der spez. Viskosität, besser der Grundviskosität [9] oder Viskositätszahl η und der mittleren Kettenlänge der Makromoleküle Proportionalität. Dieses Gesetz, besonders die theoretische Deutung der Viskositätserhöhung, die Abweichungen hiervon oder die Gültigkeit des Gesetzes überhaupt ist in der Literatur viel besprochen und angezweifelt worden [10].

Das Viskositätsgesetz für Suspensionen mit kugelförmigen Teilchen

Um das viskose Verhalten von Suspensionen mit Fadenmolekülen besser erklären zu können, soll erst das viskose Verhalten von Suspensionen mit Kugelmolekülen [11] besprochen werden. Ausgehend von dem *Einstein*schen Viskositätsgesetz [12]

$$\eta_{rel} = 1 + 2{,}5 \cdot \varphi \tag{3}$$

kann man für kolloide Lösungen kompakter kugelförmiger Teilchen mit Hilfe hydrodynamischer Gesetze die Viskositätserhöhung $\Delta\eta$ als

$$\Delta\eta = \eta_L - \eta_{LM} = \eta_{LM} \cdot K \cdot \varphi \tag{4}$$

berechnen. (L = Lösung, LM = Lösungsmittel.) Die spez. Viskosität ist dann

$$\eta_{sp} = \frac{\Delta\eta}{\eta_{LM}} = K \cdot \varphi \tag{5}$$

wobei φ den gesamten Volumenanteil an disperser Phase und K eine Konstante bedeutet, die sich thermisch berechnen läßt und 2,5 betragen soll, wenn φ in cm^3 gelösten Stoff pro cm^3 Lösungsmittel berechnet wird.

Da in der Gleichung (5) nur die Konzentration und nicht der Dispersitätsgrad enthalten ist, kann dieselbe spez. Viskosität durch viele kleine oder weniger große Kugelteilchen der dispersen Phase erhalten werden. Es ist anzunehmen und leicht einzusehen, daß die Gleichung (3) keine Gültigkeit hat, sobald keine kugelförmigen, sondern blättchen- [13] oder fadenförmige [14] Teilchen der dispersen Phase vorhanden sind. Die für diese Fälle geltenden Gleichungen werden komplizierter [15].

Zu dem Volumenanteil φ kommt noch die Exzentrizität hinzu, wobei die Funktion, mit welcher die Exzentrizität in die Formel eingeht, sehr verschieden sein kann, je nachdem, ob die *Brown*sche Bewegung der Kolloidteilchen angeregt ist oder nicht. Lineare Fadenmoleküle werden außerdem die Viskosität anders beeinflussen als verzweigte [16].

Die Gestalt der Fadenmoleküle in Lösung

Ehe auf das viskose Verhalten von Lösungen mit Fadenmolekülen eingegangen werden kann, muß erst die Frage der Gestalt dieser Moleküle in der Suspension festgelegt werden. In der Literatur findet man hierüber zwei nahezu entgegengesetzte Vorstellungen. Nach *Staudinger* [17] verhalten sich die Fadenmoleküle zwar nicht wie vollkommen starr, aber doch in ihrer Beweglichkeit sehr behinderte, gestreckte Stäbchen. Diese Annahme ist jedoch schwer mit der bekannten Drehbarkeit um einfache Bindungen, die in Kettenmolekülen stets vorkommen, zu vereinbaren. Auch die Solvatation kann kaum eine derartige Versteifung der Ketten verursachen. Die andere Annahme ist die des Knäuelmoleküls, die von *W. Kuhn* [18] entwickelt worden ist. Nach *Kuhn* läßt sich die Gestalt des Moleküls nur statistisch bestimmen infolge der zahlreichen frei drehbaren Valenzen. Dieses Knäuelmolekül nimmt im Mittel einen Raum ein, der zwar wesentlich größer ist, als ein eng aufgerollter Faden, aber bei weitem nicht so lang wie ein gestreckter Faden. Im allgemeinen ist das Fadenmolekül nicht kugelförmig geknäuelt, sondern besitzt in den drei aufeinander senkrechten Richtungen verschiedene Ausdehnungen, die im statistischen Mittel im Verhältnis 1 : 3 : 5 stehen sollen. Das Molekül bildet also einen lockeren Knäuel, dessen Zwischenräume mit Lösungsmittel ausgefüllt sind. Diese Anschauung entspricht dem heutigen Stand der wissenschaftlichen Forschung und bildet die Grundlage für die weiteren Betrachtungen.

Im einzelnen beruht die Vorstellung der nur statistisch erfaßbaren Gestalt der Fadenmoleküle darauf, daß längs der Kette frei drehbare Valenzen [19] vorhanden sind. Darunter versteht man einfache Bindungen zwischen zwei benachbarten Atomen einer Kette derart, daß jede Lage der um den Valenzwinkel geknickten anschließenden Atome der Kette möglich ist (Abb. 1). Hierdurch wird eine ungeheure Vielfalt der Molekülgestalt möglich [19a]. In der Natur wird man allerdings meist Lagen verschiedener potentieller Energie antreffen, so daß die Beweglichkeit beeinträchtigt wird.

In einer längeren Kette treten dadurch noch Behinderungen ein, daß sich nicht nur eine, sondern mehrere frei drehbare Valenzen gleichzeitig bewegen werden. Die Wahrscheinlichkeit dafür wird gleich dem Produkt der Wahrscheinlichkeit für die einzelnen Vorgänge. Daher müssen wir annehmen, daß bei Kettenmolekülen mit dazwischenliegenden einfachen Bindungen die Möglichkeit der freien oder nahezu freien Drehbarkeit um diese einfachen Bindungen herum auch betätigt wird und die Kettenmoleküle keine nahezu starren gestreckten Stäbchen sein können. Nur dann können frei drehbare Valenzen blockiert werden, wenn durch seitliche Substituenten sterische Hinderungen eintreten, die eine gewisse Versteifung der Kette bewirken (Abb. 2).

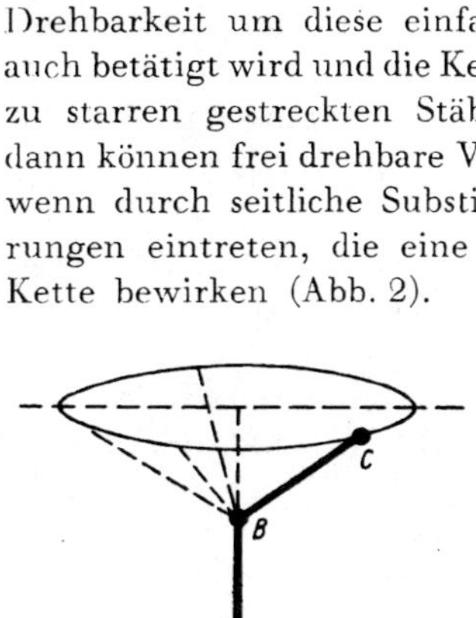

Abb. 1. Freie Drehbarkeit des Atoms *C* um die einfache Bindung zwischen den Atomen *A* und *B*

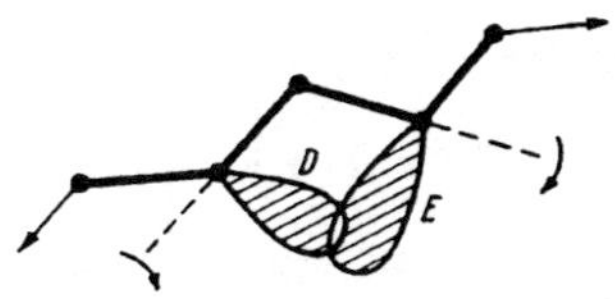

Abb. 2. Durch die seitlichen Substituenten *D* und *E* bewirkte sterische Hinderung

Die Einstellgeschwindigkeit des statistischen Gleichgewichtes ist bei kleinen Molekülen mit nur einer oder einigen freien Drehbarkeiten (Äthan, Propan) außerordentlich kurz, und zwar etwa 10^{-8} bis 10^{-16} *s*. Sie wächst mit zunehmender Länge der Kette und kommt leicht in meßbare Größenordnungen. So wirken sich die Einstellzeiten auch im Falle verdünnter Lösungen auf Erscheinungen wie die der Strukturviskosität aus. Gellösungen können unter Umständen noch nach Wochen infolge des noch nicht erreichten statistischen Gleichgewichtes ihre Fließeigenschaften ändern. Bei den Sollösungen jedoch, bei denen man auch bei den größten Scherungen noch keine Strukturviskosität hat einwandfrei ermitteln können, scheinen die Einstellzeiten noch sehr klein zu sein [20], unter 10^{-3} *s*.

So kommt auf Grund der bisherigen Kenntnisse über molekulare Strukturen nur die Vorstellung des Knäuelmoleküls in Betracht. Die Fadenmoleküle gleichen gewissermaßen einem im Wasser schwebenden biegsamen Faden. Es ist nur noch zu klären, ob die von *Kuhn* vorgenommene Berechnung der Knäueldimensionen vollständig ist oder ob noch Korrekturen notwendig sind.

Von *Kuhn* ist die Entfernung zwischen den Anfangs- und dem Endpunkt des Fadenmoleküls betrachtet worden, wobei er mehrere frei drehbare Valenzen zusammengefaßt hat, da benachbarte Gelenke noch eine gewisse Wirkung in bestimmter Richtung aufweisen. Ebenso kann man durch eine Statistik über die Raumrichtungen der einzelnen Glieder zu einer mathematischen Beschreibung des Molekülknäuels gelangen, wobei das Grundmolekül, auf dem sich das Fadenmolekül aufbaut, und seine Eigenschaften schärfer betrachtet werden, wie dies *F. H. Müller* getan hat [21]. Danach wird ein Knäuel im Mittel eine solche Form annehmen, daß seine Grundmoleküle auf alle Raumrichtungen annähernd gleichmäßig verteilt sind. Die ziemlich kugelige, geknäuelte Gestalt ist also am wahrscheinlichsten und die gestreckte Gestalt unwahrscheinlich. Bei sehr großer Zahl von Grundmolekülen wird das eingenommene Volumen annähernd eine Kugel bilden, während bei geringer Zahl von Grundmolekülen infolge der statistischen Schwankungen größere Abweichungen zu erwarten sind. Wie bei *Kuhn* ist der mittlere Durchmesser ungefähr proportional $\sqrt{Z}$, wobei Z die Zahl der Grundmoleküle angibt. Experimentell und theoretisch bestehen jedoch Gründe dafür, daß die lose Knäuelung nach *Kuhn* in verdünnten Lösungen, den sog. Sol-Lösungen, noch durch Betrachtung der Quellung [21a] erweitert werden muß.

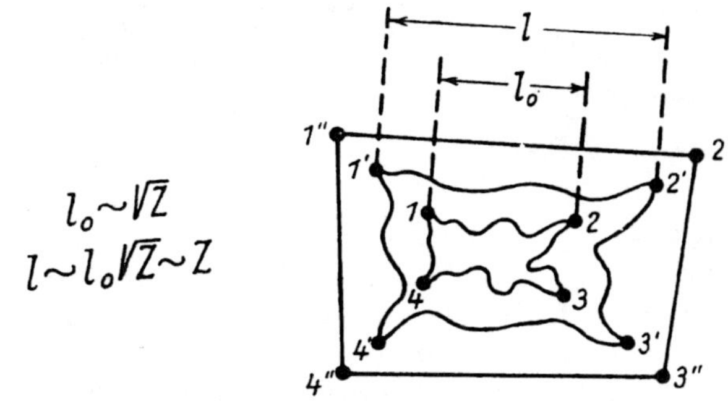

Abb. 3
Schema des Aufquellens einer Masche (ungestrichelte Zahlen). Der einfach gestrichelte Zustand entspricht dem allgemein zu erwartenden gequollenen und der zweifach gestrichelte Zustand dem kaum erreichbaren, völlig gestreckten Zustand

Eine begrenzte Quellung tritt sicher ein, wenn wir eine Substanz aus Fadenmolekülen durch eine chemische Reaktion zu einem Netz zusammenwachsen lassen. Gelten nun die Vorstellungen der geknäuelten Moleküle mit $\sqrt{Z}$ als mittlerem Durchmesser in kompakter Substanz, wie *F. H. Müller* [22] nachgewiesen hat, so müssen die Abstände von je zwei Vernetzungspunkten sich wie die Quadratwurzeln aus den mittleren Maschengrößen des Netzes verhalten, also wie $\sqrt{Z}$. Wird nun eine derart vernetzte Substanz in ein Lösungsmittel, das im unvernetzten Zustand zur völligen Lösung führen würde, eingetragen, so werden sich die Maschen vergrößern, maximal bis zur Entfernung Z, und das Volumen dieses Netzes wird proportional $\sqrt{Z}^3$ zunehmen (Abb. 3). Die Richtigkeit dieser Annahme wird durch die von *Staudinger* durchgeführten Versuche an Mischpolymerisaten aus Polystyrol und Divinylbenzol [23] bestätigt.

In der kompakten Substanz liegt die *Kuhn*sche Knäuelung vor, die durch das Quellmittel aufgeweitet wird. Die gleichen Vorgänge müssen sich auch beim Lösen abspielen. Auch hier werden die *Kuhn*schen Knäuel aufweiten, in jeder Richtung annähernd proportional $\sqrt{Z}$, ohne daß im allgemeinen der maximal gestreckte Zustand eintreten wird.

Außer diesem statistischen Grundprinzip muß noch das Prinzip der annähernd gleichmäßigen Verteilung im Raum berücksichtigt werden. Denken wir uns die

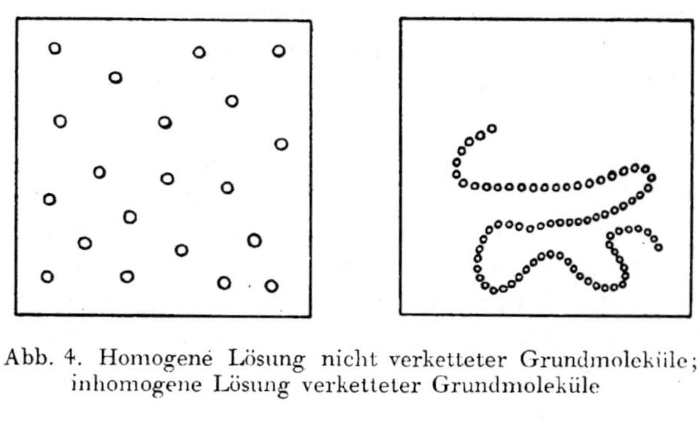

Abb. 4. Homogene Lösung nicht verketteter Grundmoleküle; inhomogene Lösung verketteter Grundmoleküle

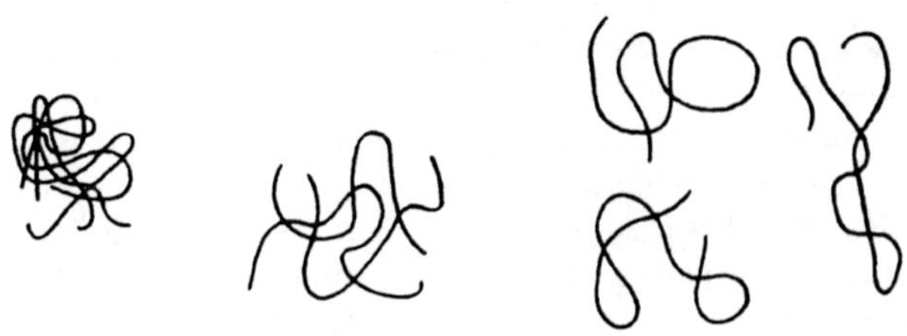

Abb. 5. Kompakter, Gel- und Sol-Zustand

Bindungen zwischen den ein Fadenmolekül aufbauenden Grundmolekülen weg, so erhalten wir eine homogene Lösung. Nur durch die Aneinanderkettung der Grundmoleküle wird diese Möglichkeit beseitigt und die Lösung inhomogen (Abb. 4). Trotzdem kommt durch diesen osmotischen Effekt [24] eine Aufweitung der Knäuel zustande.

Erhöht man die Konzentration einer Sol-Lösung langsam, so wird man den Punkt erreichen, an dem sich die Knäuel berühren. Bei weiterer Konzentrationserhöhung spielt die osmotische Aufweitung der einzelnen Fadenmoleküle keine Rolle mehr, denn die gleichmäßige Verteilung ist statistisch auch ohne Aufweitung erfüllt. Trotzdem wird noch eine gewisse Verflechtung der Fadenmoleküle ineinander eintreten (Abb. 5).

Erst beim Übergang zum kompakten Zustand gilt für das einzelne Fadenmolekül die statistische Gestalt des *Kuhn*schen Knäuels.

Zwischen den einzelnen Grundmolekülen eines Fadenmoleküls herrschen zwischenmolekulare Kräfte, die je nach dem Bau des Fadenmoleküls und dem Lösungsmittel gewisse Wirkungen ausüben, die zu den von *Staudinger* beschriebenen Mäanderformen [25] führen sollen. Danach erhält man lose Knäuel, die im Innern eine andere Mischungsstruktur besitzen als an ihrer Oberfläche. Kurze Fadenmoleküle werden gewissermaßen nur aus Oberfläche bestehen und dadurch ein anderes Volumen einnehmen als lange Molekülketten. Hauptsächlich werden jedoch Fadenmoleküle mit sehr geringer Kettengliederzahl deshalb Abweichungen ergeben, weil derartige Moleküle nicht mehr ein annähernd kugelförmiges Volumen mit geringen Exzentrizitäten ausfüllen, sondern meist eine mehr längliche Gestalt annehmen. Die Abweichungen von Fadenmolekülen mit sehr hoher Kettengliederzahl beruhen meist darauf, daß lange Ketten sich leicht knotenartig verschlingen, die dann wie ein verzweigtes Fadenmolekül wirken, wodurch die Aufweitung des Knäuels geringer wird [26].

Ferner ist noch zu berücksichtigen, daß außer der Konzentration vor allem die Lösungskraft des Lösungsmittels [26a] eine wichtige Rolle spielt. Die Solvatation des Fadenmoleküls muß so groß sein, daß zwischen Lösungsmittelmolekül und den Grundmolekülen größere Anziehungskraft besteht als zwischen den Grundmolekülen selbst. Das ist die notwendige Voraussetzung für die völlige Aufweitung.

Da der osmotische Druck mit der absoluten Temperatur ansteigt, wird auch die Aufweitung bei höheren Temperaturen größer sein. Allerdings hängt die Änderung der Viskositätszahl mit der Temperatur noch mit der Änderung der Solvatation zusammen. Daraus ergibt sich, daß die gleiche Substanz bei verschiedenen Temperaturen und in verschiedenen Lösungsmitteln verschieden stark aufgeweitete Knäuel bildet.

Der Einfluß der Knäuelmoleküle auf die Viskosität

Wenn man der Einfachheit halber zunächst das einzelne Knäuel als genau kugelförmig annimmt, so wird dieses in einem Geschwindigkeitsgefälle eine Rotation um seinen Schwerpunkt bei gleichmäßiger Translation entsprechend der mittleren Geschwindigkeit ausführen. Diese Rotation ist die Ursache für die zusätzlich auftretende Reibung, also des Viskositätsanstieges. Hierbei wird vorausgesetzt, daß das Knäuel wie eine Kugel wirkt, an welcher das Lösungsmittel mit einer bestimmten Geschwindigkeit vorbeifließt. Diese Bedingung würde erfüllt, wenn das gesamte Lösungsmittel innerhalb des Knäuels immobilisiert wäre. Diese Voraussetzung wird allerdings in den meisten Fällen nicht erfüllt sein. Die Wirkung wird wohl so zustande kommen, daß das rotierende gerüstartige Knäuel einen gewissen Rühreffekt bewirkt, der das im Knäuel befindliche Lösungsmittel mitbewegt. Durch diesen Rühreffekt wird aber zusätzlich noch die an das rotierende Knäuel angrenzende Umgebung von Lösungsmittel mit in Bewegung gesetzt. Bei der Rotation wird also zusätzlich zur Reibung mit dem Lösungsmittel Impuls übertragen. Die Viskositätserhöhung beruht demnach auf der Rotation des Knäuelgerüstes mit dem im Innern befindlichen Lösungsmittel und der angrenzenden Lösungsmittelschicht.

Es ist noch zu berücksichtigen, daß die geknäuelten Fadenmoleküle keine starren Knäuelgerüste bilden, sondern als sehr weich, nachgiebig und hochelastisch zu betrachten sind. Zupft man ein derartiges Molekül an dem einen Ende, so überträgt sich diese Störung nur entsprechend seiner Elastizität auf die übrigen Teile, und der Betrag der Viskositätserhöhung verringert sich, zum Teil sogar erheblich, um einen Faktor, der im Zusammenhang mit dem Elastizitätsmodul steht. Das Knäuelmolekül rotiert also nicht als starres Ganzes, sondern man stellt es sich am besten etwa als einen weichen Wattebausch vor, der in der Flüssigkeit eine rotierende Bewegung ausführt und dabei durch die Scherkräfte der Strömung in dem Geschwindigkeitsgefälle einer dauernden Deformation [27] unterworfen ist (Abb. 6).

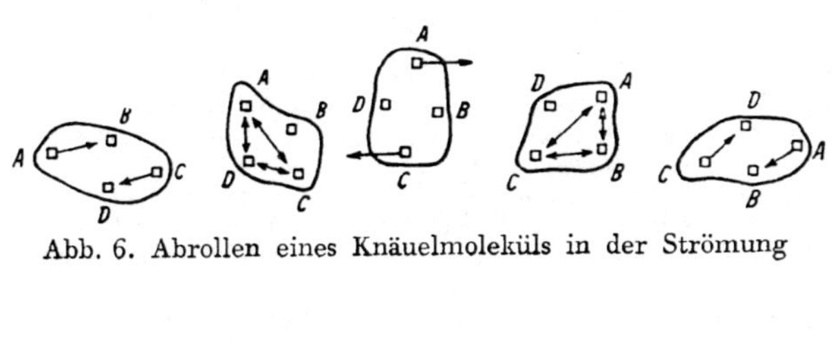

Abb. 6. Abrollen eines Knäuelmoleküls in der Strömung

So ruft jedes einzelne Knäuelmolekül eine Störung des Fließens seines Lösungsmittels hervor und bewirkt so eine Viskositätserhöhung, vorausgesetzt, daß die einzelnen Moleküle sich frei bewegen können. Diese Bedingung wird von den Sol-Lösungen erfüllt. Erhöht man nun die Konzentration bis zu dem Punkt, an dem sich die Knäuel berühren, und noch darüber hinaus, so übt die osmotische Aufweitung keinen großen Einfluß mehr aus. Die Fadenmoleküle verflechten sich stärker ineinander, und das Vorbeiströmen des Lösungsmittels wird noch stärker gestört. Die Folge davon ist das Einsetzen des steilen Viskositätsanstieges [28]. Leider ist dieser Punkt in der Viskositätskonzentrationskurve schwer einwandfrei zu bestimmen.

Das *Staudinger*sche Viskositätsgesetz gilt für einen großen Bereich von Polymerisationsgraden. Bei Fadenmolekülen mit sehr kleiner Kettengliederzahl dagegen ist die Voraussetzung der annähernd kugelförmigen Knäuelung nicht erfüllt, und bei sehr hohen Kettengliederzahlen ist die osmotische Aufweitung des Molekülknäuels infolge der gegenseitigen Verschlingungen geringer als vorausgesetzt. Das dürfte die Ursache der Abweichungen von sehr kleinen und sehr hohen Polymerisationsgraden sein und erklärt die Differenz zwischen den viskosimetrisch und osmotisch bestimmten Molekulargewichten.

Vor allem die synthetischen Fadenmoleküle enthalten oft Verzweigungen. Je nach der Anzahl der Verzweigungen pro Molekül und je nachdem diese mehr in der Mitte oder am Ende des Fadenmoleküls gelagert sind, wird das eingenommene Volumen geringer und die Elastizität größer. Daraus ergibt sich eine geringere Viskositätszahl, als nach der Zahl der Grundmoleküle zu erwarten ist, und ebenfalls eine Abweichung von dem *Staudinger*schen Gesetz.

Hinzu kommt noch, daß die verschiedenen Lösungsmittel eine verschieden dicke Solvatschicht bilden. Unter Berücksichtigung der Tatsache, daß schon geringe Änderungen der Lösungskraft des Lösungsmittels in bezug auf die gelöste Substanz genügen, um erhebliche Unterschiede in der osmotischen Aufweitung des Knäuels zu ergeben, wird die Verschiedenheit der Viskositätszahlen verständlich.

Zusammenfassung

Das experimentelle Verhalten der fadenförmigen Makromoleküle in bezug auf die Viskosität wird beschrieben und erklärt. Das Auftreten von Strukturviskosität, die Abweichung vom *Newton*schen Reibungsgesetz, ist dadurch bedingt, daß diese Fadenmoleküle lose Knäuel bilden, deren Zwischenräume mit Lösungsmittel gefüllt sind. Die Knäuel besitzen meist nur annähernd kugelförmige Gestalt und sind osmotisch aufgeweitet. Jedes einzelne Knäuelmolekül ruft eine Störung des Vorbeiströmens von Lösungsmittel hervor, wodurch eine Viskositätserhöhung hervorgerufen wird, während es selbst außer der Translationsbewegung eine Rotationsbewegung im Geschwindigkeitsgefälle einschließlich des im Innern befindlichen Lösungsmittels und der angrenzenden Lösungsmittelschicht ausführt und dabei dauernder Verformung ausgesetzt ist. Fadenmoleküle von sehr niedrigem Polymerisationsgrad weichen stärker von der Kugelgestalt ab, wodurch zusätzlich noch eine Viskositätserhöhung eintritt. Dagegen wirken Fadenmoleküle von sehr hohem Polymerisationsgrad infolge stärkerer Verschlingungen wie verzweigte Moleküle, die infolge der geringeren Volumenbeanspruchung etwas geringere Viskosität zeigen, als zu erwarten ist.

Literatur

[1] *Philippoff, W.*, Viskosität der Kolloide, Verlag Steinkopff 1942, S. 36.
[2] *Patat, F.*, Chemie 57 (1944) S. 95.
[3] *Ostwald, W.*; vgl. *Peter, S.*, Kolloid-Zeitschr. 114 (1949) S. 47.
[4] *Houwink, R.*, Elastizität, Plastizität und Struktur der Materie. Verlag Steinkopff 1938.
[5] *Philippoff, W.*, loc. cit. S. 29.
[6] *Kuhn, W.*, Kolloid-Zeitschr. 68 (1934) 2; *Kuhn, W.*, und *Kuhn, H.*, Helv. chim. Acta 30 (1947) S. 1233.
[7] *Schulz, G. V.*, Z. physik. Chem. (A) 160 (1932) S. 409.
[8] *Staudinger, H.*, Organ. Kolloidchemie 1941.
[9] *Matthes*, Angew. Chem., 54 (1941), S. 517.
[10] vgl. *Meyer, K. H.*, und *van der Wyk, A J. A.*, Helv. chim. acta 18 (1935) S. 1026.—*Ostwald, Wo.*, Kolloid-Z., 81 (1937) S. 197— *Schulz, G. V.*, und *Dinglinger, A.*, J. prakt. Chem. 158 (1941) S. 136. —*Meyer, K. H.*, Kolloid-Z., 95 (1941) S. 70.
[11] *Münster, A.*, Makromol. Chem. 2 (1948), S. 227.
[12] *Einstein, A.*, Annal. Phys. 19 (1906) S. 289; 34 (1911) S. 592.
[13] *Kutz, E.*, und *Stuart, H. A.*, Z. Naturforsch. 3a (1948) S. 204.
[14] *Eisenschitz, R.*, Z. physik. Chem. (A) 158 (1932) S. 78.
[15] *Philippoff, W.*, loc. cit. S. 11.
[16] *Bier, G.*, Makrom. Chem. 4 (1949) 124.
[17] *Staudinger, H.*, loc. cit. S. 79.
[18] *Kuhn, W.*, loc. cit.
[19] *Stuart, H. A.*, Molekülstruktur, Verlag Springer 1934.
[19a] Zeitschr. f. Elektrochem. angew. phys. Chem. 54 (1950) S. 13.
[20] *Herrent, P.*, *Mauraux, F.*, und *Lude, A.*, Research 2 (1943) S. 486.
[21] *Müller, F. H.*, Kolloid-Zeitschr. 95 (1941) S. 138; 96 (1941) S. 326.
[21a] *Flory, P. J.*, J. Chem. Phys. 18 (1950) S. 103.
[22] *Müller, F. H.*, Kolloid-Zeitschr., Angew. Chem. 53 (1940) S. 425.
[23] *Staudinger, H.*, loc. cit. S. 119.
[24] *Singer, R.*, Trans. Faraday Soc. 32 (1936) S. 506.
[25] *Staudinger, H.*, loc. cit. S. 217.
[26] *Bier, G.*, loc. cit. S. 119.
[26a] *Stuart, H. A.*, Z. Naturforschg. 3a (1948) S. 196. *Philippoff, W.*, Z. Naturforschg. 3b (1948) S. 151.— *Kuhn, W.*, Helv. chim. Acta, 32 (1949) S. 735.—
[27] *Haller, W.*, Kolloid-Zeitschr. 56 (1931) S. 257; 61 (1932) S. 26.
[28] *Staudinger, H.*, loc. cit. S. 89.— *Müller, F. H.*, Kolloid-Zeitschr. 114 (1949) S. 2.

Eingegangen am 1. Juni 1951

Methoden der künstlichen Kräuselung, insbesondere bei Fäden und Fasern aus Viskosematerial

Dr. Siegfried Wolf
Mitteilungen des Institutes für Technologie der Fasern in Pirna-Copitz-Dresden der Deutschen Akademie der Wissenschaften zu Berlin

A. Einführung

Künstliche Textilfäden fallen bei üblicher Herstellung im allgemeinen schlicht an. Auch die normalen Zellwollen zeigen bei weitem nicht die ausgeprägten Kräuselbögen, wie sie bei Schafwolle beobachtet werden können.

Diese Schlichtheit bietet für manche Verwendungszwecke Vorzüge, für andere braucht sie keine wesentlichen Nachteile mit sich zu bringen. Für eine ganze Reihe von Verarbeitungsmaßnahmen und Anwendungsgebieten ist jedoch mehr oder minder hohe Kräuselung wünschenswert. Die Gründe sind leicht einzusehen: Bei gekräuseltem Material ist es beispielsweise möglich, infolge der erhöhten Haftung bessere Spinnfähigkeit und überhaupt bessere Verarbeitbarkeit mit Schaf- und Baumwolle zu erzielen, die Bögen und Krümmungen lassen Dehnungs- und Elastizitätsreserven gewinnen, die Kräuselung erhöht Volumen und Fülligkeit, und fertige Waren aus gekräuseltem Material können sich durch guten Griff, angenehmes Gefühl beim Tragen, verstärkte Warmhaltung und längere Lebensdauer empfehlen.

Die künstliche Kräuselung an sich schlichten Materials stellt daher eine wichtige technische Aufgabe dar. Sie hat mit ihrer besonderen Problematik die Herstellung und Veredlung künstlicher Faserstoffe begleitet, sie bewegt nach wie vor trotz mancher bereits erzielten Erfolge — wie sie etwa in Markenfabrikaten greifbar geworden ist — die Gegenwart und weist in die Zukunft.

Zur Erzielung von Kräuselungen sind sehr zahlreiche Vorschläge gemacht und dabei auch prinzipiell verschiedene Möglichkeiten ins Auge gefaßt worden. Im folgenden soll versucht werden, unter besonderer Betonung der Verhältnisse bei Viskosematerial einige der hauptsächlichsten Züge der zur künstlichen Kräuselung von Kunstseide und Zellwolle vorgeschlagenen oder angewandten Verfahren herauszustellen. Auf diese Weise soll vor allem ein schneller Überblick und eine Einsicht in die Wirkungsweisen und inneren Zusammenhänge der Methoden erleichtert werden[1].

[1] Ausdrücklich sei darauf hingewiesen, daß die zur Zusammenfassung angewandten Einteilungsprinzipien nur einen Versuch darstellen; sie sind vorwiegend praktischen Erwägungen entsprungen und müssen notwendig verallgemeinern und vergröbern. Auch sollen durch die gemeinsame Betrachtung von Kunstseide und Zellwolle, von Maßnahmen an Einzelfäden wie Fadenbündeln, Fasern, Garnen usw. die hier notwendig obwaltenden Unterschiede keineswegs verwischt, sondern nur die allgemeinen Züge der Kräuselungsmaßnahmen besser erkennbar gemacht werden. Zusammenfassende Arbeiten zum Thema der Kräuselung sind in der periodischen Literatur selten. Einige Patente

Der Gang der Betrachtung ist so angelegt, daß nach Hinweisen auf allgemeine Gegebenheiten der Kräuselung bei Naturwolle und künstlichem Textilgut ein kurzer Überblick über Methoden der künstlichen Kräuselung gegeben wird, der anschließend durch zahlreiche Beispiele aus der Patentliteratur in zusammenfassender und vergleichender Sicht erläutert wird. Angaben über Erfinder, Daten usw. sind der tabellarischen Patentzusammenstellung zu entnehmen, die den Abschluß bildet. Die Tabelle verfolgt wiederum nicht das Ziel absoluter Vollständigkeit, wird jedoch auch schon als Ausschnitt aus der Fülle das reiche Interesse belegen, das die Fragen der künstlichen Kräuselung gefunden haben und noch finden.

Daß die Patentliteratur auf diesem Gebiet auch Unfertiges und Unreifes enthält, liegt auf der Hand. Rückt man jedoch nicht Einzelangaben in den Vordergrund, sondern — wie es die vorliegende Arbeit ermöglichen will — eine vergleichende Betrachtung, die wechselseitige Ergänzung und Erhellung der Angaben in sich schließt, so kann gerade auch die Kenntnis der Patentliteratur für Forschung und Praxis gleichermaßen anregend und fruchtbringend werden.

B. Allgemeines zur Kräuselung bei Wolle und künstlichen Fäden und Fasern

Die natürliche *Kräuselung der Schafwolle* wird gern als Vorbild der künstlichen Kräuselung angesehen. Es steht auch außer allem Zweifel, daß die Vorzüge der Wollkräuselung immer wieder den Wunsch nahe legten, an sich schlichtes Textilgut mit einer Kräuselung auszustatten, und daß Studien über das Wesen, die Morphologie und die Messung der Kräuselung bei Naturwolle auch heute noch den entsprechenden Fragen der künstlichen Kräuselung von großem Nutzen sein können. Eins aber darf von vornherein nicht vergessen werden: daß nämlich trotz vielfacher *Parallelen* auch *Unterschiede* zwischen den Gegebenheiten der Kräuselung bei Wolle und der bei künstlichem Textilgut bestehen, wie sie schon nach Maßgabe der verschiedenen substantiellen Basis, der verschiedenen Elastizitäts- und Quellungseigenschaften usw. zu erwarten sind.

Die natürliche Kräuselung der Wolle, die schon beim Wachstum des Haares erworben wird, kann nach Form und Grad der Ausprägung recht verschieden sein. Gewöhnlich zeigt sie sich um so intensiver, je feiner das Haar ist. Doch weisen durchaus nicht alle Wollen eine gute natürliche Kräuselung auf. Für manche Zwecke ist bei schlichten Wollen (etwa Crossbred-Wollen) oder anderem tierischen Haar, beispielsweise für die Teppichfabrikation, ein höherer Kräuselungsgrad erwünscht, so daß man auch hier zur Anwendung künstlicher Kräuselmethoden greift.

Betrachtet man die Kräuselung der Schafwolle als natürliches Vorbild, so läßt sich die Kräuselung künstlichen Textilmaterials als eine Maßnahme im Rahmen der verschiedenfachen Bestrebungen zum Wollähnlichmachen überhaupt (*Animalisierung im weitesten Sinne*) auffassen.

Bekanntlich hat man künstlichem Textilmaterial Wollähnlichkeit durch eine entsprechende Anpassung sowohl der chemischen als auch der physikalischen Eigenschaften zu verleihen gesucht. Das chemische Verhalten trachtete man vor allem in Richtung einer besseren Annahme von (Woll-)Farbstoffen zu beeinflussen (*Animalisierung im engeren Sinne*) und die Eigenschaften der besseren Verarbeitbarkeit, des besseren Wärmehaltvermögens usw. auch durch Ausstattung mit einer rauhen, haftfreudigen *Oberflächenstruktur*, durch Schaffung von *Hohlfäden* usw. zu erzielen[2]. Die Ausbildung einer korkzieherartigen Verwindung geht auf das natürliche Vorbild der Baumwolle zurück.

Bezeichnend ist, daß man in der Praxis die verschiedenen Bestrebungen zur Verbesserung künstlicher Faserstoffe gern miteinander kombiniert hat. So verlieh man dem Material beispielsweise nicht allein eine *Kräuselung*, sondern auch eine warzige oder schuppige *Oberfläche* und/oder stattete es mit *Hohlräumen* aus.

Es mag Vorzüge haben, auf solche Weise die Kräuselung künstlichen Textilgutes in einem größeren Zusammenhang zu sehen. Keinesfalls aber empfiehlt es sich, das Streben nach Wollähnlichkeit allzu engsinnig — etwa nach Art eines bloß äußerlichen Kopierens des Naturvorbildes — auffassen zu wollen.

Über die wünschenswerte *Form* und den wünschenswerten *Grad* einer künstlichen Kräuselung sind, auch wenn der grundsätzliche Wert der Kräuselung nicht in Frage gestellt wird, verschiedene Ansichten möglich; im Einzelfalle spielt auch der jeweilige Verwendungszweck eine Rolle[3]. Verschiedenfach ist darauf hingewiesen worden, daß die Kräuselbögen möglichst eine Raumkurve beschreiben, also nicht nur Bögen einer Ebene („Wellen") darstellen sollen. *A. Pakschwer*

bespricht der anonyme Aufsatz „Crimp in Rayon Staple Fibre", Rayon Text. Monthly 20 (1939) (51) S. 263, Ref. Mell. Textilber. 21 (1940) S. 243 u. Zellwolle, Kunstseide, Seide 44 (1939) S. 340. Hin und wieder nehmen auch Spezialarbeiten auf allgemeine Fragen Bezug. Hier sind etwa die Studien von *P. Eckert* und *H. J. Schmidt* (Zellwolle, Kunstseide, Seide 47 (1942), S. 483/89; *Eckert*, Habil. Berlin 1936 u. *Schmidt*, Diss. Berlin 1936) zu nennen. Weiteres beispielsweise auch bei *H. G. Bodenbender*, Chemiker-Ztg. 62 (1938) S. 501/04 (S. 503) und *H. Stadlinger*, l. c. 62 (1938) S. 294/96 (S. 294).

[2] Einen Sonderweg beschreiten einige Vorschläge, die wollgarnähnliche Kompositionen durch ein bestimmtes Kombinieren von Fäden bzw. Fasern verschiedener Art (und gegebenenfalls nachträgliche Schrumpfung; vgl. FP 817722 bzw. BP 494015), durch Bildung von Schlingen u. ä., die dann zerrissen werden, mit Hilfe von Rauhvorrichtungen, Hyperboloid-Walzen usw. (FP 769593, DRP 663115, 665543, 342223, 655813) oder durch Abspleißen von Einzelfasern beim Strecken von Fadenbündeln in Dioxan bis an die Zerreißgrenze (FP 749448) zu erzielen suchen.

[3] Vgl. z. B. *A. Herding*, Starke oder schwache Kräuselung bei Zellwollen für die Baumwollspinnerei, Melliand Textilber. 20 (1939) S. 336/37 (Problem des Abfalls bei der Verarbeitung; tritt für starke Kräuselung ein); und *H. Wächtler*, Gekräuselte Zellwolle, Spinner u. Weber 59 (1941) (28) S. 13/14. Unterschiede zwischen Kammgarn- und Baumwollspinnerei.

und *M. Bunin*[4] untersuchten mathematisch-theoretisch, wo bei Einzelfasern die Kräuselung am vorteilhaftesten zu konzentrieren sei. Eins der technisch wichtigsten Probleme aber stellt die Erzielung einer möglichst *dauerhaften* Kräuselung dar, die sowohl den Zug- und Druckbeanspruchungen bei der Verarbeitung wie den Einwirkungen von Dämpfen und Flüssigkeiten beim Waschen, Spülen, Färben widersteht bzw. danach in ausreichendem Maße wiederkehrt, eine Eigenschaft, in der sich Naturwolle besonders auszeichnet[5].

C. Kurzüberblick über die Methodik der künstlichen Kräuselung

Die Hauptzüge der künstlichen Kräuselung lassen sich in besonderem Hinblick auf Viskosematerial kurz folgendermaßen umreißen:

Der Kräuseleffekt kann entweder dem Einzelfaden oder aber einem Fadenbündel bzw. einer Kombination von Fäden oder einer Menge von Einzelfasern (etwa in Form eines Faservlieses) erteilt werden. Dabei kann man die Kräuselmaßnahmen entweder auf das fertige Fasergut oder auf die Fäden bei deren Entstehung oder im weiteren Verlauf der Fertigstellung einwirken lassen.

Näher betrachtet, stehen zur Ausstattung von an sich schlicht anfallenden Kunstfäden usw. mit Bögen und Krümmungen vor allem zwei prinzipiell verschiedene Möglichkeiten offen, die aber gegebenenfalls miteinander kombiniert werden können. Einmal läßt sich Kräuselung durch mechanische Mittel, besonders durch Anwendung von Druck und Drehung in der verschiedensten Form (durch Kräuselwalzen, Zwirnvorrichtungen u. ä.) von außen her aufzwingen. Zum andern lassen sich Kräuseleffekte aber auch durch Ausnutzung und Steigerung von Spannungserscheinungen erzielen, wie sie beim Herstellen und Fertigmachen künstlicher Fäden und Fasern, besonders im Verlauf von Quellungs- und Schrumpfungsvorgängen, sowieso im Zuge der üblichen Arbeitsmethoden auftreten oder absichtlich hervorgerufen werden können.

Um den Kräuseleffekten möglichst hohe Dauerhaftigkeit zu verleihen, hat man die Kräuselung entweder unter Umständen vorgenommen, die besonders günstig für eine festere Verankerung in der Fasersubstanz erscheinen oder/und sie nachträglich zu fixieren und zu stabilisieren gesucht. Auf Grund derartiger Überlegungen kann man beispielsweise die mechanischen Kräuselmaßnahmen (anstatt auf das trockene, verfestigte Textilgut) auf noch plastische, eben ersponnene, rohfeuchte Kunstfäden bzw. auf nur koagulierte, aber noch nicht ausregenerierte Viskoseseidenfäden einwirken lassen, kann das fertige Fasergut vor der Kräuselung durch Quellmittel vorübergehend zu erweichen oder aber das gekräuselte Material nachträglich durch Imprägnierung und ähnliche Verfahren zu schützen versuchen.

Ohne Zweifel ist auch die chemisch-physikalische Natur des textilen Materials von Einfluß darauf, ob sich ihm eine Kräuselung mehr oder weniger leicht und mehr oder weniger bleibend erteilen läßt. Wesentliche Faktoren werden — in Hinblick auf die Stabilität des erzielbaren Kräuseleffektes — vor allem in den Elastizitätswerten des Materials und in seinem Verhalten gegen Feuchtigkeit greifbar. Man hat deshalb das Augenmerk auch darauf gerichtet, die chemisch-physikalischen Eigenschaften des Ausgangsmaterials entsprechend zu steuern.

Zum Zweck einer schnellen Übersicht über die wesentlichsten der bisher vorgeschlagenen bzw. angewandten Methoden der Kräuselung sollen zusammenfassend deren Hauptmaßnahmen, wie sie gesondert und allein oder in Verbindung mit anderen auftreten können, in Form einer kurzen Aufstellung betrachtet werden. Die Aufstellung muß vereinfachen, möchte zugleich aber auch die Fülle der Variationsmöglichkeiten vor Augen führen. Auf solche Weise lassen sich unterscheiden:

I. EIGENTLICHE KRÄUSELMASSNAHMEN

A. Maßnahmen am sich bildenden oder noch nicht fertig fixierten und getrockneten Textilgut

1. Maßnahmen während der Entstehung des Fadens, während des Spinnvorganges.
   Zum Beispiel:
   a) Besondere Gestaltung und Anordnung der Spinndüsenöffnungen.
   b) Bewegung bzw. Erschütterung der Spinndüse oder des Spinnmediums (Spinnbad, Luft).
   c) Elektrolytisches Ausfällen in ‚Formen'.
2. Maßnahmen am noch nicht vollkommen fertigen Gut (Faden oder Stapelfaser), das sich (wenigstens z. T.) noch im Zustand hoher Plastizität befindet und/oder Konsistenzunterschiede zwischen Mantel und Seele aufweist (z. B. am koagulierten, aber noch nicht durchregenerierten bzw. fixierten Faden).
   α) Anwendung chemischer oder physikalischer Mittel, die (besonders durch Quellung und/oder Schrumpfung) Spannungserscheinungen hervorrufen oder zur Folge haben können.
   Zum Beispiel:
   a) Koagulieren und/oder Fixieren bzw. Nach-

[4] Betrachtungen über die günstigste Stapelfaserform, Melliand Textilber. 16 (1935) S. 15/17. Die Autoren empfehlen Kräuselung hauptsächlich an den Faserenden.

[5] Nach *K. Theissen* (Über das Verhalten der Kräuselung verschiedener Zellwollen bei der Verarbeitung bis zum Garn in der Baumwollspinnerei, Kunstseide u. Zellwolle 27 [1949] S. 75/83; Ref. Melliand Textilber. 30 [1949] S. 271), der Kunstfasern verschiedener Herstellungsmethoden auf dem Weg über die einzelnen Maschinen verfolgte, wiesen Kräuseltypen zwar eine hohe Flockenkräuselung auf, verloren ihre Überlegenheit über Normalfasern jedoch teilweise bereits in den ersten Verarbeitungsstufen. Zum Verhalten der Wolle vgl. etwa *E. Franz*, Änderung der Faserstruktur des Wollhaares durch die Verarbeitung, Melliand Textilber. 15 (1934) S. 1/5.

schrumpfen in spannungslosem bzw. entspanntem Zustand.
b) Besondere Entwässerungsmaßnahmen.
c) Imprägnierungen und Auflagerungen.

β) Anwendung mechanischer Mittel, deren Wirkung vor allem auf Druck, Zug und Drehung beruht. Zum Beispiel:
a) Behebung der Schlichtheit durch Prallflächen im Spinnbad, durch Stauchung beim Verlassen einer Fördertrommel u. ä.
b) Verfestigung der Fäden in gespanntem bogigen und/oder gedrehtem Zustand (aufgewickelt auf Spulen, nach Erteilung eines Dralles, mit späterer Entspannung, Rückzwirnung u. ä.).
c) Einprägen der Kräuselung durch Riffelwalzen u. ä.

B. Maßnahmen am fertigen Faden, Fadenbündel, Garn usw.

α) Anwendung chemischer oder/und physikalischer Mittel, die (besonders mit Hilfe von Quellung und/oder Schrumpfung) Spannungserscheinungen hervorrufen oder zur Folge haben können.
Zum Beispiel:
a) Behandlung mit Salzen, Säuren, Alkoholen.
b) Acetylieren von Viskosematerial.
c) Imprägnieren und anschließendes Quellen.

β) Anwendung mechanischer Mittel, deren Wirkung vor allem auf Druck und Drehung beruht, besonders nach vorherigem Feuchten, Quellen usw.
Zum Beispiel:
a) Anwendung kalter oder heißer Riffelapparaturen.
b) Erteilung eines Dralles.
c) Stauchung u. ä.

II. ZUSÄTZLICHE MASSNAHMEN, UM DEM KRÄUSELEFFEKT BESTÄNDIGKEIT ZU VERLEIHEN

Sie beruhen darauf, das Material für eine Kräuselung aufnahmefähiger zu machen oder/und die erteilte Kräuselung zu fixieren oder/und das gekräuselte Material vor Einflüssen zu schützen, welche die Kräuselung beeinträchtigen und ganz oder teilweise aufheben können.
Zum Beispiel:
a) Brühen, Dämpfen, Zwischentrocknen.
b) Nachträgliche Aldehyd-Behandlung, Kunstharz-Ausrüstung u. ä.
c) Ausgehen von Spinnlösungen, die Imprägnationsmittel, Kunstharzkomponenten oder -vorkondensate u. ä. enthalten oder sonst in ihrer Zusammensetzung, Viskosität usw. der später zu erteilenden Kräuselung hinsichtlich deren Stabilität besonders günstig sind.

Die in der vorstehenden Aufstellung kurz gekennzeichneten Maßnahmen sind verschiedener Natur; es liegt auf der Hand, daß sie — ganz abgesehen von den Einflüssen der Behandlungsweise im einzelnen — verschiedenartige und verschieden intensive Effekte zur Folge haben werden. Auch sei auf die spezifischen Nachteile hingewiesen, welche die einzelnen Maßnahmen bei zu scharfer Anwendung mit sich bringen können: mechanische Überbeanspruchung kann zu Faserschäden, ungeschickte Formalisierung zu Versprödung, zu kräftige Beladung mit Kunstharz zu unerwünschter Steifheit führen, während andererseits ein Zuwenig die erstrebten Wirkungen in nur unzureichendem Maße hervorrufen wird.

War bisher die Aufmerksamkeit vorzugsweise auf die Kräuselung von Viskosematerial gerichtet gewesen, so mag abschließend noch ein kurzer Blick auf die Verhältnisse bei anderen Faserstoffen geworfen werden.

Bei der künstlichen Kräuselung von Wolle oder anderem tierischen Haar kann man unter Umständen mit verhältnismäßig milden mechanischen Behandlungen auskommen. Auch bei Fäden aus Celluloseestern, Polyvinyl-, Polyvinyliden-, Perlon- bzw. Nylonmaterial u. ä. ergeben sich auf Grund der mehr oder weniger ausgeprägten thermoplastischen Eigenschaften besondere Möglichkeiten. Hier wie auch bei Keratinfasern hat man überdies verschiedenfach noch besondere Chemikalien als ‚Kräuselmittel' herangezogen; bei Keratinfasern werden teilweise auch Methoden angewendet, die in ihren wesentlichen Zügen den Dauer- und Kaltwellverfahren beim menschlichen Haar weitestgehend entsprechen.

D. Einzelmaßnahmen im Zuge der Kräuselungsverfahren

Im folgenden soll auf einige der bemerkenswertesten Einzelmaßnahmen im Zuge der Kräuselungsverfahren an Hand der Patentliteratur näher eingegangen werden. Die angezogenen Patente sind lediglich als Beispiele anzusehen, auch ist zu beachten, daß die Patentschriften nicht selten mehrere Möglichkeiten zugleich anführen[6].

Die zum Ziel eines leichten Überblickes hier gewählte Einteilung des reichhaltigen Stoffes stellt nur eine Möglichkeit unter anderen dar; Überschneidungen ergeben sich notwendig daraus, daß eine ganze Reihe der Einzelmaßnahmen aus verschiedenartigen Erwägungen heraus entsprungen sein und auch auf verschiedene Weise wirksam werden können.

1. Kräuselung durch besondere Spinndüsen, Bewegung der Düsen, des Spinnmediums und ähnliche Mittel.

Der *Querschnitt der Spinndüsenöffnungen* ist nicht nur von bestimmendem Einfluß auf den Querschnitt der anfallenden Fäden, sondern (unter anderem) auch auf die Geschwindigkeitsverhältnisse der austretenden viskosen Spinnmasse. Eine unsymmetrische Anlage des Querschnittes der Düsenöffnungen kann daher

[6] Das FP 655606 führt z. B. als Maßnahmen sowohl Bewegung der Spinndüsen oder des flüssigen bzw. gasförmigen Fällmittels an, als auch unregelmäßige Koagulation, besondere Badzusammensetzung, Spannung und Trocknung.

auch dazu benutzt werden, nicht gerade, sondern gekrümmte Fäden zu erzielen. Im Zuge derartiger Erwägungen hat man beispielsweise vorgeschlagen, zur Erzeugung gekräuselter Kunstfäden Düsen anzuwenden, deren Öffnungen die Gestalt von geraden Schlitzen haben, die an einem Ende blasenförmig erweitert sind. Das DRP 741739 macht demgegenüber darauf aufmerksam, daß eine solche Form des Querschnittes noch eine Symmetrieachse aufweist, und tritt zur Herstellung von räumlich (nicht nur in einer Ebene) gekräuselten Fäden für die Verwendung von Spinndüsen ein, deren Austrittsöffnungen durch einen Querschnitt ohne jede Symmetrieachse gekennzeichnet sind. Derartige symmetrielose Formen werden erreicht, wenn man den Querschnitt etwa in Gestalt eines langgezogenen, ungleichseitigen Dreiecks oder eines gebogenen Schlitzes mit blasenförmigen Erweiterungen wählt.

Hingewiesen sei in diesem Zusammenhang auch auf das DRP 744024, das *Querschnitt und Anordnung der Düsenöffnungen* betrifft. Als besonders zweckdienlich werden Spinndüsen beschrieben, deren Öffnungen sowohl verschiedenen Durchmesser als auch verschiedene Querschnittsform aufweisen. Dadurch soll schon beim Spinnen eine innige Mischung unterschiedlicher Einzelfäden erzielt werden.

Bewegung der Spinndüsen als Mittel zur Herstellung gekräuselter Fäden wird u. a. z. B. vom ItP 269783 aufgeführt. Als theoretisch bemerkenswert kann das BP 332353 betrachtet werden. Der Erfinder (*S. G. Barker*[7]) hat die natürliche Kräuselung der Schafwolle durch Annahme zweier periodisch wirkender Kräfte physikalisch zu erhellen versucht und beschreibt eine besondere hin- und hergehende (pendelnde) Bewegung der Spinndüse, deren Gesetzmäßigkeit seiner Hypothese der Wollkräuselung entspricht.

Der Gedanke, durch *Bewegung des Spinnmediums* (beim Naßspinnen des Spinnbades, beim Trockenspinnen der Luft u. ä.) eine Kräuselung des eben entstandenen, noch frischen Fadens hervorzurufen, ist ebenfalls mehrfach verfolgt worden, wobei die Kräuselmaßnahme mit der Fadenentstehung mehr oder weniger eng verknüpft sein oder sich ihr anschließen kann. So verspinnt man nach dem BP 529050 Cellulosederivate etwa in der Weise, daß die Fäden nach Austritt aus der Düse von einem kontinuierlichen Luftstrom getroffen werden und dann frei herabfallen; das BP 300221 spricht allgemein von einem Verspinnen in flüssige oder gasförmige Fällmittel, denen man in der Nähe der Spinnvorrichtung eine wirbelnde Bewegung erteilt, und das BP 467426 setzt die Fäden beispielsweise Wirbelströmungen des Fällwassers im Spinntrichter aus. Mit einem wirbelnden gasförmigen Medium, vorzugsweise Luft, arbeitet auch das OeP 146485 (SchweizP 182933 und DRP 655392) bei der Herstellung von Stapelfaser.

Nicht unerwähnt möge schließlich das DRP 746020 bleiben, das ein *Fällen* von Kunstfäden *in festgelegte Formen* betrifft. Nach den Angaben dieser Patentschrift erzielt man gewellte oder/und mit Widerhaken-Abzweigungen versehene Fäden aus Cellulosematerial, indem man die Cellulose, vorzugsweise aus Kupferoxyd-Ammoniak-Lösung, mit Hilfe des elektrischen Stromes auf der Oberfläche einer als Anode angesetzten Metallwalze zur Abscheidung bringt, deren isolierender Überzug der gewünschten Fadenform entsprechend eingeritzte Rillen freiläßt.

Die bisher betrachteten Kräuselmaßnahmen haben das Gemeinsame, daß sie bei der Entstehung der künstlichen Textilgebilde oder kurz danach in Anwendung gebracht werden, also zu einem Zeitpunkt, zu dem sie noch besonders plastisch sind[8].

2. *Kräuselung durch Riffelpressung, Drehung, Stauchung und ähnliche Mittel*

Obwohl auch die bisher betrachteten Einzelmaßnahmen eine Beeinflussung des sich bildenden oder eben ersponnenen Fadens mit Hilfe mechanisch-physikalischer Mittel zum Inhalt haben, versteht man im allgemeinen unter *mechanischer Kräuselung* in erster Linie die Kräuselung durch Riffelpressung bzw. -prägung (Kräuselwalzen usw.) und durch Erteilung einer Drehung, eines Dralles (durch Zwirnvorrichtungen u. ä.). Diese mechanischen Mittel nehmen in der Patentliteratur zum Thema der künstlichen Kräuselung einen breiten Raum und eine hervorgehobene Stellung ein. Die Gründe mögen darin liegen, daß die Durchführung einer solchen mechanischen Kräuselung und die Konstruktion entsprechender Apparaturen auf den ersten Blick verhältnismäßig einfach erscheinen, auch besticht gerade mechanisch erzielte Kräuselung nicht selten durch ihre Augenfälligkeit. Andererseits darf man nicht in den Fehler verfallen, bei Viskosematerial die Wirkung einer milden mechanischen Kräuselung zu überschätzen; allein und ohne besondere Vorsorge angewandt, mangelt es den so erreichbaren Effekten gewöhnlich an ausreichender Beständigkeit, während eine zu starke mechanische Beanspruchung zu Faserschädigungen führen kann. Zahlreiche Verfahren, die sich mechanischer Kräuselung bedienen, wenden diese deshalb in Verbindung mit anderen Maßnahmen an, vor allem solchen, von denen man sich einen fördernden oder schützenden Einfluß verspricht[9].

Kräuselwalzen wurden nach *P. Eckert* und *H. J. Schmidt*[10] wohl zuerst von *E. K. Scott* (BP 291120,

[7] Vgl. z. B. *S. G. Barker* (mit einer Bemerkung von *E. Hill*), Physikal. Bedeutung der Kräuselung oder Welligkeit der Wollfaser, Trans. Faraday Soc. **29** (1933) S. 239/57 (C. 1933 I 2017).

[8] Weiteres hierzu siehe unter 4. (Maßnahmen zur festeren Verankerung und zum Schutz der künstlichen Kräuselung). — Zur Frage einer besonderen Regelung der Ausspritz- bzw. Abzugsgeschwindigkeit vgl. z. B. die Naßspinn-Verfahren nach FP 847173 und USP 2413123.

[9] Vgl. hierzu auch die Angaben unter 4. (Maßnahmen zur festeren Verankerung und zum Schutz der künstlichen Kräuselung).

[10] Zellwolle, Kunstseide, Seide **47** (1942) S. 483/89.

BelgP 351765, FP 654817; vgl. ItP 269783) zum Kräuseln von Viskosefaser herangezogen. *Scott* schaltete ein oder mehrere vertikale und horizontale Walzenpaare hintereinander. Mit zwei längsgeriffelten, parallel liegenden Kräuselwalzen, deren Abstand verstellbar ist, arbeitet das DRP 702227; mit verschiebbaren Kräuselwalzen (bei gleichzeitiger Dämpfung) will das USP 2216142 besonders Cellulosederivate, aber auch Seide und Wolle behandeln. Auch sonst werden Kräuselwalzen und ähnliche Vorrichtungen oft erwähnt, z. B. in DRP 748053, 749003, BP 462184 (FP 807707) und USP 2326174. Auch *heiße* Riffelwalzen finden Befürwortung (z. B. im BP 441042, vor allem für Cellulosederivate). Heiße Kräuselapparaturen können besondere Vorteile beispielsweise auch dann bringen, wenn die Kräuselung nach Beladung mit hitzehärtbaren Kunstharzen u. ä. erfolgt, so daß gegebenenfalls der Arbeitsgang der Hitzehärtung eingespart werden kann (vgl. FP 790171 und FP 814297). Hinsichtlich der Konstruktion der Kräuselwalzen haben *P. Eckert* und *H. J. Schmidt*[10] darauf hingewiesen, daß Evolventenverzahnung bei Kräuselwalzen Nachteile hat (Verletzung des Fasergutes durch Quetschung!), und eine zweckdienliche Ausgestaltung, bei welcher der Zahnkopf die Flanke nicht berührt, näher beschrieben. Endlose *Kräuselbänder*, die über bewegliche Walzen geführt werden, erwähnt u. a. DRP 749003, das besonderen Nachdruck darauf legt, daß die Riffelpressung beim mechanischen Kräuseln frisch gesponnener Fäden auf einer möglichst langen Strecke wirksam ist[11].

Zwei *glatte Walzen*, die sich gemeinsam drehen und in deren Klemmstelle auf der Ablieferungsseite eine *Klinge* hineingedrückt wird, nennt das DRP 650969 als apparatives Mittel zur Kräuselung natürlichen und künstlichen Fasergutes. Schon das DRP 487071 (SchweizP 121072) hatte empfohlen, die frisch ersponnenen, noch nassen Cellulosekunstfäden von einer Klinge, die sich an die Fördertrommel preßt, in sich stauchen und dadurch kräuseln zu lassen. Auch das BP 485106 spricht davon, die koagulierten, noch nicht regenerierten Viskosekunstfäden auf einer Zugrolle durch Abstreicher in der Führung zu hemmen und dadurch zu kräuseln.

Stauchen durch Fall im Innern einer mit Rasten versehenen rotierenden *Trockentrommel* will das SchweizP 181228 zur Kräuselung von feuchten Flachs-, Hanf- oder Cellulosederivatfasern mit ausnutzen.

Auch *Drehung* in verschiedener Weise und in verschiedenen Graden wird zur Erzielung von Kräuseleffekten angewandt. Teils will man das aus gekräuselten Einzelfäden bestehende Fadenbündel nachträglich zu Stapelfaser zerschneiden, teils will man zu Fadenkonstruktionen gelangen, die einem Wollgarn ähnlich sind[12]. Das BP 442073 beschreibt, besonders für Cellulosederivatfäden, beispielsweise eine Kräuselung durch *Zwirnung* und Dämpfung in einem sich drehenden Rohr *und anschließendes Zurückzwirnen;* das BelgP 448488 läßt Kupferkunstseide mit starker Drehung aufspulen, imprägnieren und zurückzwirnen. Die DRP 618050 und 636284[13] und damit in Verbindung stehend FP 871087, SchweizP 228409 und USP 2463619 und 2463620 haben ebenfalls Kräuselung durch starkes Zwirnen (und schließliches Zurückdrehen) zum Inhalt. Das Grundpatent (DRP 618050), das hier als Beispiel herangezogen sei, betrifft ein Verfahren zur Herstellung wollähnlicher Kunstseide und ist dadurch gekennzeichnet, daß gedrehte oder ungedrehte Kunstseidefäden, unter einer gegenüber der normalen mindestens vierfach höheren Drehung aufgespult, auf der Spule bei höherer Temperatur befeuchtet und getrocknet werden, worauf man sie über den Nullpunkt zurückdreht. Bei Weiterentwicklung dieser Methoden ist einerseits Wert auf ein hochgradiges Überzwirnen, z. T. in Spezialzwirnvorrichtungen, andererseits auf eine wirkungsvolle Fixierung des Effektes durch Formalisieren und andere Sonderbehandlungen gelegt worden. Drallgebung bzw. Zwirnung in Verbindung mit Kunstharzbehandlung führen die BP 455021 und 511540 auf, vgl. auch das schon erwähnte SchweizP 228409.

Als auf Dreheffekten beruhend läßt sich schließlich auch die Herstellung gekräuselter Kunstseidefäden beim *Topfspinnen*[14] nach den DRP 654800, 664601 und 666343 betrachten, wobei der Faden von einem zur Achsenlinie des Spinntopfes exzentrisch gelegenen Punkt aus in den Topf eingeführt wird; DRP 672877 erwähnt dazu als Fixierungsmaßnahme eine Zwischentrocknung vor der Weiterbehandlung.

3. Kräuselung durch Quellungs- und Schrumpfungsvorgänge und bei besonderer Ausgestaltung des Viskoseverfahrens

Es liegt nahe, Schrumpfungs- und Quellungserscheinungen bzw. Spannungsdifferenzen zwischen Oberfläche und Innerem des Fadens oder der Faser zur Erzielung einer künstlichen Kräuselung nutzen zu wollen. Bereits das DRP 319839 beschreibt das Herbeiführen von Kräuseleffekten bei Stapelfasern durch rasches Erhitzen (in Wasser, in siedenden Salzlösungen usw.) oder durch entsprechend starkes Abkühlen. Das DRP 406506 arbeitet mit Quellung und anschließender Schrumpfung, indem Kunstseidefäden zunächst (etwa mit Hilfe von Alkalilauge, Zinkchlorid- oder

[11] Im vorliegenden Falle so, daß während der Aufrechterhaltung der gewünschten Kräuselform die vollständige Zersetzung des Xanthogenates zu Cellulosehydrat vor sich gehen kann.

[12] Auf die mehr oder minder große Nähe derartiger Kräuselungsverfahren zu Verfahren zur Herstellung gekreppten Materials bzw. der Kreppung von Fäden (Drehung und Schrumpfung) kann hier nicht näher eingegangen werden. Vgl. etwa FP 824240 (DRP 689891) und BP 438588.

[13] Vgl. auch (an.), Verwollte Kunstseide; Zellwolle, Kunstseide, Seide **47** (1942) S. 351/52, 10 Abb. („Helanca“).

[14] Zur mathematischen Betrachtung des Topfspinnens vgl. z. B. auch *F. Oertel* und *E. A. Winzenburger*, Fadenzug und Fadenkurve im Spinntopf, Kunstseide u. Zellwolle 25 (1947) S. 176/83.

Alkalirhodanidlösung) angequollen und dann durch Säuren, Salzlösungen oder Alkohol zum Schrumpfen gebracht werden.

Zahlreiche andere Verfahren sind dadurch charakterisiert, daß sie entsprechenden Vorgängen, wie sie während der Herstellung von Viskosekunstseide oder -zellwolle der Schlichtheit entgegenarbeiten oder leichte Kräuselung herbeiführen können, zu stärkerer Auswirkung verhelfen wollen. Dabei sind (neben anderen) besonders die Vorgänge bei und nach den Arbeitsgängen der *Regeneration* oder einer *Spannungsbehandlung* bzw. *Verstreckung* ins Auge gefaßt worden. Bedingung ist natürlich, daß sich die eigentliche Kräuselung frei, ohne glättendes Verziehen usw., vollziehen kann. Im Zuge derartiger Verfahren, die im einzelnen weitgehend variiert werden können, macht man oft von Bädern Gebrauch, die wohl koagulieren, aber nur zögernd regenerieren, oder wendet überhaupt eine Zwei-Bad-Behandlung mit Trennung von Koagulations- und Regenerationsbad an[15]; mehrfach ist hierbei auch auf die Möglichkeit Bezug genommen worden, die Regeneration nicht durch saure Bäder, sondern durch solche von (gegebenenfalls über 100° C) heißen indifferenten Flüssigkeiten[16] zu erreichen („*Thermische Zersetzung*"). Bei der Herstellung von Zellwolle können die Fäden auch zu Stapelfaser geschnitten werden, bevor die Regenerationsbehandlung in Angriff genommen oder beendet ist[17].

Als Beispiele seien genannt: Die DRP 363379 und 710664 (FP 824848) betreffen die Regeneration bereits geschnittener Fäden, die nur koaguliert oder anfixiert waren. Nach USP 2517694 wird durch ein entsprechend eingestelltes Bad auf der Oberfläche sehr dünner, aus sehr engen Düsenöffnungen ersponnener Fäden schnell eine Schicht regenerierter Cellulose erzeugt, um durch Spannungen zwischen Fadenmantel und -kern Kräuselung hervorzurufen. Mit Spannung bzw. Verstreckung der Fäden arbeiten beispielsweise FP 797779, ItP 352826, USP 2413123, BP 595403, DRP 749084, FP 889913, SchweizP 230053; vgl. auch BelgP 435697 und OeP 153179. Thermische Zersetzung wird behandelt in FP 797779 (mit Zusatz 47973) und FP 843228, vgl. auch USP 2515889.

Kräuselung im Zuge einer besonderen *Trocknung* der Kunstfaser mit Hilfe wasserverdrängender organischer Flüssigkeiten (Alkohol, Mischungen von Aceton und Tetrachlorkohlenstoff usw.) bespricht das DRP 750299. Die Patentschrift weist auf den Einfluß der Trocknung auf physikalische und färberische Eigenschaften hin und will die erfindungsgemäß erhaltene Faser als Textilmaterial besonderer Art mit ganz neuen Eigenschaften angesprochen wissen.

Spannungserscheinungen, die zu Kräuselungen führen können, ergeben sich auch bei der *Entwicklung von Gasen* (aus Sulfiten, Karbonaten oder Bikarbonaten durch Säurebehandlung) im Innern des Fasergutes, vgl. OeP 153179 und FP 819149. Ein solches Vorgehen ähnelt den Methoden, wie sie sonst zur Herstellung von Hohlfäden angewandt werden oder zur Strukturierung (Rauhung der Oberfläche durch eine Vielzahl kleiner Gaskrater) vorgeschlagen worden sind.

Als methodisch bemerkenswert sei in unserem Zusammenhang noch erwähnt, daß auch Spannungsunterschiede, wie sie bei und nach der *Acetylierung* von Viskosematerial, der *Beladung mit Celluloseestern* und der *Oberflächenverseifung* von Acetatmaterial auftreten oder herbeigeführt werden können, in Betracht zu ziehen sind. Das DRP 731303 führt aus, wie beim Acetylieren von Viskose-Stapelfaser eine für den Erfinder selbst zunächst unerwartete Kräuselung zu beobachten war. Entsprechendes kann umgekehrt auch bei Acetatzellwolle durch Verseifung ermöglicht werden. Das früher zur Ausgabe, aber später zur Anmeldung gelangte DRP 715843 schlägt einen anderen Weg ein: hier werden zur Herstellung gekräuselten Textilgutes beispielsweise Viskosefäden mit einer Celluloseester-Lösung behandelt und nach dem Trocknen zur Quellung des Viskosekernes mit Wasser durchfeuchtet. Das Durchfeuchten (durch die Ester-Oberfläche hindurch) kann durch Anwendung einer gewissen Zugspannung befördert, der Griff durch Mitverwendung geeigneter Celluloseester-Weichmacher verbessert und die Wasserfestigkeit durch Sonderbehandlungen gesteigert werden.

4. Maßnahmen zur festeren Verankerung und zum Schutz der künstlichen Kräuselung

Wie schon erwähnt wurde, stehen hauptsächlich zwei Wege offen, um eine künstliche Kräuselung von möglichst hoher Beständigkeit gegen den glättenden Einfluß mechanischer Beanspruchungen oder den Einfluß von Feuchtigkeit und Chemikalien bei Naßbehandlungen zu erzielen: man kann einmal versuchen, die Kräuselung von vornherein möglichst fest, tief und innig in der Kunstfaser bzw. deren Elementen zu verankern, damit sie mehr als eine nur äußerliche, vorübergehende Formeigentümlichkeit darstellt, oder aber man kann versuchen, den aufgezwungenen Kräuseleffekt durch Sondermaßnahmen gegen äußere Einflüsse zu schützen.

Als mehr oder weniger wirksame Bemühungen im Rahmen der erstgenannten Möglichkeit, der *Verankerung der Kräuselung*, lassen sich in gewisser Hinsicht Maßnahmen wie die folgenden auffassen: Erteilung der Kräuselung zu einem Zeitpunkt, in dem die Substanz der Fäden im Zuge ihrer Herstellung noch

[15] Zwei-Bad-Verfahren spielen auch eine Rolle, wenn durch Verwendung besonders plastischer Fäden mechanischen Kräuselmaßnahmen eine bessere Wirkung gewährleistet werden soll; vgl. auch unter 4.

[16] Z. B. Glykol.

[17] Über die verschiedenen Bedingungen der Kräuselung bei Neutralschnitt oder Sauerschnitt vgl. z. B. auch *K. Heide*, Das Präparieren von Zellwolle, Faserforsch. u. Textiltechn. 1 (1950) S. 64/78 (S. 65). Zur Überlegenheit des Sauerschnitts hinsichtlich der Stabilität der Kräuselung vgl. auch *K. Theissen* l. c. (Anm. 5).

nicht ihre Endverfestigung gefunden hat[18] bzw. gerade findet, oder nachdem die fertige Faser einer Quellung, einer Lockerung ihrer Elemente u. ä. unterworfen wurde, Dämpf- und Trocknungsmaßnahmen, Verwendung eines besonderen Ausgangsmaterials bzw. Veränderung desselben in einem Sinne, so daß es chemisch oder physikalisch der Erteilung einer dauerhaften Kräuselung günstig ist[19].

Als Maßnahmen im Rahmen der zweiten Möglichkeit, *Schutz der Kräuselung gegen äußere Einwirkungen*, lassen sich betrachten: Formalisierung, Kunstharz-Behandlung und andere Methoden, die einen Schutz des Textilgutes gegen Feuchtigkeitsaufnahme, unerwünschte Verformung usw. mit sich bringen, aber auch besondere Vorkehrungen bei der Weiterbehandlung und Weiterverarbeitung[20].

Betrachtet man diese Möglichkeiten näher, so bemerkt man sofort, daß sie sich als prinzipiell verschieden nur theoretisch streng auseinanderhalten lassen; in der Praxis bestehen mannigfache Verbindungen und Überschneidungen, die beiden Hauptwege lassen sich gegebenenfalls vereinen, bei Anwendung mancher Mittel fallen sie auch von Natur aus zusammen.

Die Erteilung der Kräuselung zu einem frühen Zeitpunkt der Faserherstellung war schon verschiedenfach gestreift und durch Beispiele belegt worden. Hier sei noch darauf hingewiesen, daß z. B. das SchweizP 228409 u. a. dadurch gekennzeichnet ist, daß die Drehung, der das Faserbündel unterworfen wird, unmittelbar nach Bildung der Fibrillen, in einem Zustand erhöhter Plastizität, vorgenommen werden soll. USP 2086651 spricht von Kräuselung zu einem Zeitpunkt, wo die Fadenseele noch nicht koaguliert ist und nur der Fadenmantel ein festes Gefüge besitzt. Auch die Spinntopfkräuselung nach OeP 145813 geht in plastischem Zustand, noch wenig fixiert, vonstatten, und nach DRP 749003 werden frisch gefällte Xanthogenatfäden von Einwirkungsbeginn des Zersetzungsbades bis zur Beendigung der Umwandlung zu Cellulosehydrat der Einwirkung hintereinander geschalteter Kräuselvorrichtungen unterworfen. *P. Eckert* und *H. J. Schmidt*[21] gaben eine nähere theoretische Erhellung der Wirkung mechanischer Kräuselvorrichtungen (Kräuselwalzen) auf ein Material, das Plastizitätsunterschiede zwischen Fadenoberfläche und Fadeninnerem aufweist.

Behandlung mit *heißen Dämpfen*, Salzlösungen, besonderen Quellmitteln u. ä.[22] spielen vor allem in der Patentliteratur zur Kräuselung von Fäden und Fasern aus Cellulose*derivaten* eine Rolle. Als Beispiele seien genannt BP 165164, USP 1986945, 2375864, 2408381 und ItP 391555; vgl. für anderes Material aber auch SchweizP 228409 und BP 572140.

Durch Dämpfen und Trocknen läßt sich, freilich nur bis zu einem gewissen Grade, auch Fixierung von Kräuseleffekten und Verminderung der Quellfähigkeit erreichen, worauf zahlreiche Vorschläge Bezug nehmen[23]. Nach dem DRP 672877 erhielt man beständigere, elastischere Kräuselung beim Spinntopfverfahren, wenn man die bereits gekräuselten und bei stärkeren Titern auch nachfixierten Fäden unmittelbar nach dem Waschen einer Zwischentrocknung vor der Weiterbehandlung unterwarf; *H. Radestock* schreibt dies einer Einwirkung auf die „innere Kolloidalstruktur des Fadengebildes" zu.

Auch durch Verwendung eines *Ausgangsmaterials* von besonderer Zusammensetzung und besonderen Eigenschaften kann sowohl eine bessere Aufnahmefähigkeit für die Kräuselung als auch deren Schutz angestrebt werden.

Es genügt, die Vielfalt der Faktoren kurz anzudeuten. Abgesehen von mehr äußeren Bedingungen (Titer, Querschnitt usw.) ist vor allem auch auf den Einfluß der Viskosität der Spinnlösung, bei Viskosematerial im besonderen auf den Einfluß von Reife, Rührdauer, Cellulose- und Alkaligehalt usw. Rücksicht genommen worden[24]; vgl. z. B. DRP 710664, FP 843228, 834865, 824848, 868083 und 889913. Nur erinnert sei daran, daß sich durch Modifikation der Spinnlösung auch bessere Widerstandskraft gegen die Einwirkung von Feuchtigkeit erzielen läßt. Eine interessante Frage ist, inwieweit Zusätze von Eiweißstoffen (wie etwa nach FP 870723 und USP 2515889) nicht nur den färberischen Eigenschaften, sondern auch der Kräuselung zugute kommen können. Auch Zusätze von *Kunstharz*komponenten zur Spinnlösung werden in Kräuselpatenten mehrfach erwähnt, sei es, daß man sich davon die Einführung besser formbarer oder die erteilte Kräuselung besser erhaltender, versteifender Baubestandteile, erhöhte Differenzierung von Fadenmantel und -kern[25] und andere ähnliche Wirkungen oder lediglich Schutz gegen Feuchteinflüsse versprechen mag. (Vgl. z. B. FP 814297, 870723 und 790171).

[18] Vgl. hierzu auch unter 1. (Kräuselung durch besondere Spinndüsen usw.).

[19] Praktisch wirken bei den erwähnten Bemühungen z. T. auch noch andere Erscheinungen mit; z. B. außer Fixierungs- auch Spannungserscheinungen.

[20] Vgl. z. B. das FP 884042, das Vorkehrungen für das Spinnen und Weben betrifft.

[21] Zellwolle, Kunstseide, Seide **47** (1942) S. 483/89, siehe auch C. 1942 II 2867.

[22] Angaben über Quellmittel besonders auch in zahlreichen Krepp-Patentschriften, z. B. in BP 437943, 437944, 441573 und USP 2020304; vgl. auch *G. King*, Die Quellung von Textilien, J. Soc. Dyers Colourists **66** (1950) S. 245 (C. 1950 II 245). Zur Quellung im Zuge von Kräuselverfahren vgl. auch DRP 406506 und den Ausgleich der Spannungsunterschiede zwischen Kern und Mantel mit Hilfe eines Quellmittels nach BelgP 440008.

[23] Vgl. auch *A. Feubel* und *F. Hilgers*, Melliand Textilber. **29** (1948) S. 233/35 (Herabsetzen der Quellfähigkeit durch Trocknungsprozesse); *K. Lauer*, *O. Bezner* u. *O. Dobberstein*, Koll.-Z. z. Z. verein. Koll.-Beih. **116** (1950) S. 28/31 (Vorgänge beim Trocknen); (an.), Kunstseide u. Zellwolle **28** (1950) S. 88 (Drallfixierung durch Hochfrequenz).

[24] Vgl. auch *P. Eckert* und *H. J. Schmidt* l. c. (Anm. 21); dort auch weitere Literatur zu grundlegenden Fragen.

[25] Zur unterschiedlichen Einlagerung von Kondensations-Kunstharzen in Fasermantel und -kern vgl. auch *G. Landells* u. Mitarb., J. Text. Inst. **39** (1948) S. 148, Ref. nach Text. Techn. Digest **5** (1948) S. 737 in Koll.-Z. **114** (1949) (3) S. 176.

Die Kunstharzbehandlung kann, wie Aldehydbehandlung (Formalin, Glyoxal) u. ä. Imprägnierungsverfahren, auch *nachträglich* am fertigen, gegebenenfalls schon gekräuselten Material vorgenommen werden. Bei der Verwendung härtbarer Kunstharze[26] macht sich gewöhnlich eine Hitzenachbehandlung nötig, die sich aber beispielsweise bei Gebrauch heißer Kräuselapparaturen mit der Kräuselung verbinden läßt[27]. Im einzelnen nähert sich eine Kunstharzbehandlung zum Zweck der Stabilisierung von Kräuseleffekten verfahrensmäßig derjenigen zum Ziele der Knitterfestigkeit, wo es ebenfalls um Elastizitätsverhältnisse geht und man gleichfalls unter Umständen eine gewisse Versteifung in Kauf nehmen muß.

Außer den bereits angeführten Patenten zum Kunstharz-Einsatz bei Kräuselverfahren vgl. z. B. noch IndP 22293, SchweizP 228409 und BelgP 448837.

Die nähere Betrachtung der Aldehydbehandlung und anderer Ausrüstungs- und Imprägnierungsmethoden eröffnet im Rahmen der künstlichen Kräuselung im Prinzip ebenfalls die gleiche Problematik, wie sie von den entsprechenden Behandlungsweisen auch sonst bekannt ist, so daß sich auch hier weitere Brücken zur Textilveredlung überhaupt ergeben.

[26] Es ist jedoch auch die Verwendung anderer Kunstharze möglich. Vinyl- und Styrolverbindungen werden z. B. von BP 455021 und FP 814297 genannt.

[27] Vgl. unter 2. (Kräuselung durch Riffelpressung).

E. Tabellarische Patentübersicht

Die Inhaberangaben beziehen sich auf die Zeit der Patentnahme. Die Daten ermöglichen, auch in der Aufstellung nicht berücksichtigte Patente gegebenfalls als identisch mit hier genannten zu erkennen.

Lfd. Nr.	Patent-Nr.	Bezeichnung	Erfinder und/oder Inhaber	Daten
1	DRP 319839	Kräuseln von Kunstseidenstapelfasern	L. Meyer, Charlottenburg	20. 12. 1918.
2	DRP 363379	Kräuseln künstlicher Fäden	H. Voß	14. 11. 1920/7. 11. 1922.
3	DRP 388480	Kräuseln künstlicher Fäden	H. Voß	14. 11. 1920. Zusatz zu DRP 363379.
4	DRP 406506	Kräuselung von Kunstseide u. ä. künstlichen Fäden	Paverin AG, Charlottenburg	8. 10. 1922/21. 11. 1924.
5	DRP 487071	Vorrichtung zur Herstellung wollähnlicher Cellulosekunstfäden	A. Pellerin, Trouville	29. 1. 1926/28. 12. 1929; F. Prior. 30. 12. 1930. Vgl. SchweizP 121072.
6	DRP 618050	Wollähnliche Kunstseide	Heberlein & Co. AG., Wattwil	11. 3. 1932/31. 8. 1935. Vgl. OeP 137314.
7	DRP 636284	Wollähnliche Kunstseide	Heberlein & Co. AG., Wattwil	Zusatz zu DRP 618050. Vgl. OeP 140845.
8	DRP 650969	Vorrichtung zum Kräuseln textilen Fasergutes	Linen Research Assoc., Lambeg	7. 6. 1935/5. 10. 1937.
9	DRP 654800	Gekräuselte Kunstseidefäden beim Spinntopfspinnen	H. Radestock Zellstoffabrik Waldhof	10. 7. 1934. Vgl. OeP 145813.
10	DRP 655392	Wollähnliche künstliche Fäden (Verfahren und Vorrichtung)	W. Claus Zellstoffabrik Waldhof	31. 1. 1935/14. 1. 1938. Vgl. OeP. 146485 und SchweizP 182933.
11	DRP 664601	Gekräuselte Kunstseidefäden beim Spinntopfspinnen	H. Radestock Zellstoffabrik Waldhof	20. 12. 1934/31. 8. 1938. Zusatz zu DRP 654800. Vgl. OeP 145813.
12	DRP 666343	Gekräuselte Kunstseidefäden beim Spinntopfspinnen	H. Radestock Zellstoffabrik Waldhof	18. 1. 1935/18. 10. 1938. Zusatz zu DRP 654800.
13	DRP 672877	Gekräuselte Kunstseidefäden beim Spinntopfspinnen	H. Radestock Zellstoffabrik Waldhof	18. 1. 1935/11. 3. 1939. Zusatz zu DRP 654800.
14	DRP 702227	Vorrichtung zum Kräuseln von Fasern	W. Heß und O. Mackensen C. Zeiß, Jena	30. 6. 1937/3. 2. 1941.
15	DRP 710664	Gekräuselte Zellwolle aus Viskose	I. G. Farben	8. 8. 1936/18.9.1941. Vgl. FP 824848.
16	DRP 715843	Gekräuselte Textilfäden	K. Werner Dtsch. Gold- u. Silber-Scheideanst. vorm. Roessler, Frankfurt a. M.	13. 4. 1937/8. 1. 1942.

Tabellarische Patentübersicht

Fortsetzung

Lfd. Nr.	Patent-Nr.	Bezeichnung	Erfinder und/oder Inhaber	Daten
17	DRP 731 303	Gekräuselte Zellwolle	Ges. f. Chem. Industrie, Basel	6. 10. 1933/5. 2. 1943; Schweiz. Prior. 29. 3. und 2. 10. 1933.
18	DRP 741 739	Spinndüse zur Herstellung gekräuselter künstlicher Fäden	Minerva S. A., Rom	31. 3. 1938/17. 11. 1943; It. Prior. 30. 3. 1937.
19	DRP 744 024	Wollähnliche Kunstseidefäden o. dgl. für die Zellwollerzeugung (betr. Spinndüsen)	E. Hamel Carl Hamel AG., Siegmar-Schönau	9. 10. 1937/7. 1. 1944.
20	DRP 746 020	Vorrichtung zur Herstellung wollartiger Kunstseidefäden	F. Scheermesser, Dessau	28. 8. 1937/27. 5. 1944.
21	DRP 749 003	Gekräuselte Kunstfasern aus Viskose	I. G. Farben	30. 7. 1936/13. 11. 1944. Vgl. FP 824 636.
22	DRP 749 084	Gekräuselte Zellwolle von niedrigem Quellwert aus Viskose	J. König und W. Matthaes Phrix-Arbeitsgemeinschaft Hirschberg	7. 10. 1941/20. 11. 1944.
23	DRP 750 299	Wollartige Kunstfaser aus Celluloselösung (betr. Kupfer- und Viskosekunstfaser)	I.G. Farben	28. 5. 1933/5. 1. 1945.
24	AustrP 24 913/1935	(Gekräuselte Fasern und Garne)	Tootal-Broadhurst-Lee Co. Ltd.	19. 10. 1935/3. 12. 1936; Brit. Prior. 24. 10. 1934. Vgl. FP 807562.
25	AustrP 4180/1936	(Gekräuselte Fasern und Garne)	Tootal-Broadhurst-Lee Co. Ltd.	19. 10. 1935/17. 12. 1936. Vgl. FP 807 562.
26	BelgP 435 697	Kunstfasern mit wollähnlicher Kräuselung	J. Carlier, Anderlecht	28.7.1939/Ausz. 29.2.1940.
27	BelgP 440 008	Gekräuselte Fäden, Fasern oder Bänder aus Cellulose	I.G. Farben	11.11.1940/Ausz. 23.8.1941; Dtsch. Prior. 11. 12. 1939.
28	BelgP 448 488	Wollähnliche Kunstfäden	Cuprum S. A., Glaris, Schweiz	23. 12. 1942/27. 8. 1943; Dtsch. Prior. 24. 12. 1941.
29	BelgP 448 837	Wollähnliche Kunstfäden	Cuprum S. A., Glaris, Schweiz	22.1.1943/Ausz. 15.9.1943; Dtsch. Prior. 6. 1. 1942.
30	BP 165 164	Kunstseidenprodukte, welche die Effekte von Wolle, Haar oder anderen tierischen Fasern zeigen (betr. Celluloseacetatprodukte)	Brit. Cell. & Chem. Manuf. Co. Ltd.	17. 3. 1920.
31	BP 291 120	(Kräuselung mit Hilfe von Kräuselwalzen)	E. K. Scott, London	24. 11. 1926.
32	BP 300 221	Kunstwolle, künstliche Baumwolle u. dgl. (betr. Bewegung des Spinnmediums)	W. Sever und J. B. Speakman, Leeds	9. 7. 1927/6. 12. 1928.
33	BP 332 353	(Kräuselung durch Bewegung der Spinndüse)	S. G. Barker Brit. Research Ass. for the Woollen & Worsted Ind.	10. 6. 1929/14. 8. 1930.
34	BP 441 042	Gekräuselte Kunstfäden bzw. Stapelfasern aus Cellulose oder deren Derivaten	Brit. Celanese Ltd., London	29. 3. 1935/6. 2. 1936; US. Prior. 29. 3. 1934.
35	BP 442 073	Gekräuselte Kunstfäden bzw. Stapelfasern (bes. aus Celluloseacetat)	D. Finlayson und F. Happey Brit. Celanese Ltd., London	30. 6. 1934/27. 2. 1936.
36	BP 455 021	Formbeständiges Kräuseln von Fasern und Garnen (betr. Fasergut aus Cellulosehydrat oder teilweise verseiften Celluloseestern)	H. Dreyfus, London	4. 4. 1935/5. 11. 1936.

Tabellarische Patentübersicht

Fortsetzung

Lfd. Nr.	Patent-Nr.	Bezeichnung	Erfinder und/oder Inhaber	Daten
37	BP 455052	Krepp- und Kräuseleffekte in Kunstseidefäden	H. Dreyfus, London	4. 4. 1935/5. 11. 1936.
38	BP 462184	Gekräuselte Stapelfasern aus Viskose	I.G. Farben.	5. 9. 1935/1. 4. 1937; Vgl. FP 807707.
39	BP 467426	Viskoseverfahren für Fäden mit feiner Kräuselung	I.G. Farben	16. 12. 1935/15. 7. 1937. Zusatz zu BP 443971 (Viskosespinnverfahren)
40	BP 469905	Endlose Fäden aus Viskose von wollartigem Charakter (betr. Mattglanz und Kräuselung)	I.G. Farben	5. 2. 1936 und 3. 2. 1937/ 2.9.1937. Zusatz zu BP 450257 (FP 797779). Vgl. Zusatz 47973 zu FP 797779.
41	BP 474401	Kräuseln von Fäden aus Cellulosederivaten	D. Finlayson Brit. Celanese Ltd., London	1. 5. 1936 u. 6. 4. 1937/ 25. 11. 1937.
42	BP 480597	(Kräuseln von Kunstseidefäden)	I.G. Farben	22. 8. 1936/24. 3. 1938. Vgl. FP 824414.
43	BP 482280	(Kräuseln von Kunstseidefäden)	I.G. Farben	22. 9. 1936/21. 4. 1938. Vgl. FP 825902.
44	BP 483404	Gekräuselte, voluminöse Kunstseidefasern aus Viskose	Verein. Glanzstoff-Fabriken AG	15. 1. 1937/19. 5. 1938; Dtsch. Prior 15. 1. 1936 u. später. Vgl. ItP 349284, 352826/27, OeP 153179 u. FP 819149.
45	BP 485106	Gekräuselte Stapelfaser aus Viskose	I.G. Farben	14. 11. 1936/9. 6. 1938; Zusatz zu BP 462184 (FP 807707).
46	BP 494015	Kunstfasern von wollähnlichem Charakter (betr. Verzwirnung verschiedenartigen Materials und anschließende Schrumpfung)	A. S. Bell und J. R. Wylde Brit. Celanese Ltd.	20. 4. 1937/17. 11. 1938.
47	BP 511540	Wollähnliche Kunstseidefasern	E. Cotterill und J. Boulton Courtaulds Ltd., London	21. 2. 1938/14. 9. 1939.
48	BP 522542	Gekräuselte Kunstseidefasern	Compt. d. Textiles Artificiels, S. A., Frankreich	14. 12. 1938/18. 7. 1940; US. Prior. 21. 12. 1937. Vgl. FP 847173.
49	BP 529050	Gekräuselte Einzelfäden aus Cellulosederivaten (bes. Celluloseacetat)	H. M. Averns Courtaulds Ltd., London	10. 5. 1939/12. 12. 1940.
50	BP 572140	Wollähnliche Kunstseide	Heberlein & Co. AG., Wattwil	25. 9. 1945.
51	BP 595403	(Gekräuselte Kunstseidefäden aus Viskose)	P. H. Schlosser und R. L. Mitchell Rayonnier Inc.	Melliand Textilber. 29 (1948) 320.
52	FP 655606	Kräuseln von Kunstfäden während ihrer Herstellung	Brysilka Ltd., England	11. 6. 1928/22. 4. 1929; Brit. Prior. 9. 7. 1927.
53	FP 686017	Kräuseln von Kunstseidefäden (Vorrichtung)	H. F. Ch. Paillot	4. 3. 1929/21. 7. 1930.
54	FP 790171	Veredelte Fäden, Bänder usw. aus Cellulose oder ihren Derivaten (betr. Kräuselung mit Riffelwalzen)	Dtsch. Bekleidungsindustrie GmbH.	17. 5. 1935/15. 11. 1935; Oe. Prior. 1. 6. 1934.
55	FP 797779	Wollähnliche Fasern aus Viskose	I.G. Farben	16.11.1935/4.5.1936; Dtsch. Prior. 30.11.1934. Zus. vgl. BP 469 905.

Tabellarische Patentübersicht

Fortsetzung

Lfd. Nr.	Patent-Nr.	Bezeichnung	Erfinder und/oder Inhaber	Daten
56	FP 807 562	Waschbeständig gekräuselte Spinnfasern und Garne aus Kunstseide, Baumwolle, Leinen, Wolle und Seide	Tootal-Broadhurst-Lee Co., Ltd.	24. 10. 1935/15. 1. 1937; Brit. Prior. 24. 10. 1934 u. 20. 6. 1935. Vgl. AustrP 24 913/1935, 4180/1936 u. IndP 22 293.
57	FP 808 707	Gekräuselte Stapelfasern aus Viskose	I.G. Farben	26. 6. 1936/20. 1. 1937; Dtsch. Prior. 27. 6. 1935. Vgl. BP 462 184.
58	FP 814 297	Gekräuselte Kunstseidefasern	L. Ubbelohde	14. 10. 1936/19. 6. 1937; Dtsch. Prior. 23. 10. 1935 u. später.
59	FP 819 149	Kräuselung von Zellwolle	Verein. Glanzstoff-Fabriken AG.	15. 3. 1937/11. 10. 1937; Dtsch. Prior. 23. 3. 1936. Vgl. auch BP 483 404.
60	FP 824 414	Kräuseln von Kunstseide	I.G. Farben	15. 7. 1937/8. 2. 1938; Dtsch. Prior. 24. 7. 1936. Vgl. BP 480 597 u. ItP 352775
61	FP 824 636	Gekräuselte Kunstfäden aus Viskose	I.G. Farben	22. 7. 1937/11. 2. 1938; Dtsch. Prior. 29. 7. 1936. Vgl. DRP 749 003.
62	FP 824 848	Wollähnliche Kunstfasern	I.G. Farben	27. 7. 1937/17. 2. 1938; Dtsch. Prior. 7. 8. 1936. Vgl. DRP 710 664.
63	FP 825 583	Viskosekunstseide mit wollähnlicher Kräuselung	Schlesische Zellwolle AG.	16. 8. 1937/7. 3. 1938; Dtsch. Prior. 20. 8. u. 12. 9. 1936.
64	FP 825 902	Wollähnliche, stark gekräuselte Kunstseidefäden aus Viskose	I.G. Farben	25. 8. 1937/17. 3. 1938; Dtsch. Prior. 26. 8. 1936. Vgl. BP 482 280.
65	FP 834 865	Wollersatzfasern aus Viskose	I.G. Farben	5. 3. 1938/5. 12. 1938; Dtsch. Prior. 10. 3. 1937.
66	FP 843 228	Wollähnliche Kunstseide aus Viskose	I.G. Farben	9. 9. 1938/28. 6. 1939; Dtsch. Prior. 21. 9., 21. 10. 1937.
67	FP 847 173	Stark gekräuselte Kunstseidefasern	Compt. d. Textiles Artificiels, S. A., Frankreich	6. 12. 1938/4. 10. 1939; U. S. Prior. 21. 12. 1937. Vgl. BP 522 542.
68	FP 868 083	Gekräuselte Zellwolle aus Viskose	Phrix-Arbeitsgemeinschaft	13. 12. 1940/15. 12. 1941; Dtsch. Prior. 15. 12. 1939. (Weiterentwicklung von FP 825 583).
69	FP 870 723	Geformte Gebilde, wie Fäden, Fasern aus Spinnlösungen aller Art, besonders Viskose	L. Ubbelohde	10. 3. 1941/23. 3. 1942.
70	FP 871 087	Wollartige Kunstseide aus Viskose od. Kupferoxydammoniaklösungen	Heberlein & Co. AG., Wattwil	26. 3. 1941/7. 4. 1942; Dtsch. Prior. 9. 4. 1940.
71	FP 884 042	Wollähnlichmachen von Kunstseide	P. Jacobsberg, Frankreich	6. 11. 1940/30. 7. 1943.
72	FP 889 913	Gekräuselte Zellwolle aus Viskose	Phrix-Arbeitsgemeinschaft	16. 9. 1942/24. 1. 1944.
73	FP 944 267	Wollartige Kunstfaser	Cuprum S. A., Glaris, Schweiz	26. 1. 1946/31. 1. 1949; Schweiz. Prior. 29. 1. 1945.
74	ItP 269 783	Wollähnliche Kunstseide	E. K. Scott, London	25. 5. 1928.
75	ItP 349 284	Viskosekunstseide (mit feiner Kräuselung)	Verein. Glanzstoff-Fabriken AG.	7. 1. 1937; Dtsch. Prior. 15. 1. 1936.

Tabellarische Patentübersicht

Fortsetzung

Lfd. Nr.	Patent-Nr.	Bezeichnung	Erfinder und/oder Inhaber	Daten
76	ItP 352775	Stabile Kräuselung bei Zellwolle	I.G. Farben	10. 7. 1937; Dtsch. Prior. 24. 7. 1936.
77	ItP 352826	Gekräuselte voluminöse Fasern aus Viskose	Verein. Glanzstoff-Fabriken AG.	10. 3. 1937; Dtsch. Prior. 20. 3. 1936. Zusatz zu ItP 349284.
78	ItP 352827	Gekräuselte voluminöse Fasern aus Viskose	Verein. Glanzstoff-Fabriken AG.	10. 3. 1937; Dtsch. Prior. 20. 3. 1936. Zusatz zu ItP 349284.
79	ItP 391555	Kräuselung von Kunstfasern	M. Caletti Fabbr. Italiane Seterie Affini-Como	29. 7. 1941.
80	OeP 137314	Wollähnliche Kunstseide	Heberlein & Co. AG., Wattwil	8. 3. 1933/25. 4. 1934; Dtsch. Prior. 10. 3. 1932. Vgl. DRP 618050.
81	OeP 140845	Wollähnliche Kunstseide	Heberlein & Co. AG., Wattwil	30. 4. 1934/25. 2. 1935; Dtsch. Prior. 24. 5. 1933. Vgl. DRP 636284.
82	OeP 145813	Gekreppte bzw. gekräuselte Kunstfäden	H. Radestock Zellstoffabrik Waldhof	26. 1. 1935/25. 5. 1936; Dtsch. Prior. 9. 7., 19. 12. 1934, 17. 1. 1935.
83	OeP 146485	Wollähnlicher künstlicher Faserstoff mit vielfach gewundener Form aus Viskose, Celluloseacetat o. ä.	W. Claus Zellstoffabrik Waldhof	5. 6. 1935/10. 7. 1936; Dtsch. Prior. 30. 1. 1935. Vgl. DRP 655392 und SchweizP 182933.
84	OeP 146681	(Wollähnliche Fasern aus Viskose)	I.G. Farben	12. 11. 1935/25. 7. 1936; Dtsch. Prior. 30. 11. 1934. Vgl. FP 797779.
85	OeP 153179	Voluminöse Textilfasern aus Viskose	Erste Öst. Glanzstoff-Fabr. St. Pölten	14. 7. 1937/25. 4. 1938; Dtsch. Prior. 15. 1., 20. 3. 1936. Vgl. ItP 349284 u. 352827.
86	SchweizP 121072	(Vorrichtung zur Herstellung wollähnlicher Cellulosekunstfäden)	A. Pellerin, Trouville	3. 5. 1926/1. 7. 1927; F. Prior. 30. 12. 1925. Vgl. DRP 487071.
87	SchweizP 181228	Wollähnlich gekräuselte Fasern (Bastfasern, Cellulosederivate usw.)	Indulana AG., Basel	24. 9. 1934/17. 2. 1936.
88	SchweizP 182933	(Wollähnlicher künstlicher Faserstoff)	W. Claus Zellstoffabrik Waldhof	11. 6. 1935/16. 5. 1936; Dtsch. Prior. 30. 1. 1935. Vgl. DRP 655392 u. OeP 146485.
89	SchweizP 228409	Stark gekräuselte Kunstfaserflocke	Heberlein & Co. AG., Wattwil	30. 8. 1941/16. 11. 1943.
90	SchweizP 230053	Hochfeste Zellwolle aus Viskose mit hochbeständiger reversibler Kräuselung	Spinnfaser AG., Kassel-Bettenhausen	5. 5. 1942/16. 2. 1944; Dtsch. Prior. 24. 5. 1941.
91	USP 1986945	Wollähnliche Kunstfasern (betr. Acetatfasern)	G. L. Schwartz und J. H. Young E. I. du Pont de Nemours & Co.	12. 3. 1931/8. 1. 1935.
92	USP 2086651	Gekräuselte Kunstfasern von wollähnlichem Aussehen	L. Ubbelohde	31. 10. 1935/13. 7. 1937; Dtsch. Prior. 2. 11. 1934.
93	USP 2216142	Kräuseln von Fäden, Fasern, Garnen usw.	W. I. Taylor und L. B. Gibbins Celanese Corp. of America	14. 12. 1938/1. 10. 1940; Brit. Prior. 7. 1. 1938.
94	USP 2326174	Gekräuselte Celluloseacetatfäden	G. Rutishauser, Basel	12. 7. 1940/10. 8. 1943; Dtsch. Prior. 22. 4. 1939.

Tabellarische Patentübersicht — Fortsetzung

Lfd. Nr.	Patent-Nr.	Bezeichnung	Erfinder und/oder Inhaber	Daten
95	USP 2375864	Kräuseln von Celluloseestergarnen	P. W. Morgan E. I. du Pont de Nemours & Co.	15. 5. 1945.
96	USP 2408381	Elastische Fasern aus Cellulosederivaten (mit stabilen Kräuselungen)	F. G. Dodge Celanese Corp. of America	6. 10. 1943/1. 10. 1946.
97	USP 2413123	Gekräuseltes Material aus Viskose	W. F. Underwood E. I. du Pont de Nemours & Co.	29. 6. 1944/24. 12. 1946.
98	USP 2515834	Gekräuselte Fäden aus Viskose	W. D. Nicoll E. I. du Pont de Nemours & Co.	13. 11. 1942/18. 7. 1950.
99	USP 2515889	Gekräuselte Fäden (aus Viskose-Eiweiß-Lösung)	W. D. Nicoll E. I. du Pont de Nemours & Co.	28. 1. 1949/18. 7. 1950.
100	USP 2517694	Gekräuselte Fasern aus Viskose	H. D. Merison und W. A. Sisson American Viscose Co.	14. 9. 1943/8. 8. 1950.

Eingegangen am 25. Juni 1951

Die Anwendung der Perjodsäureoxydation auf Cellulose

(Zusammenfassender Literaturbericht)

Rudolf Wittwer
Aus dem Institut für Faserstoff-Forschung, Teltow-Seehof, der Deutschen Akademie der Wissenschaften zu Berlin

1. *Einleitung und geschichtliche Entwicklung*

Zur Aufklärung der Vorgänge bei technischen Bleich- und Oxydationsprozessen ist es sehr wesentlich, ein Oxydationsmittel zu besitzen, das selektiv wirkt. Ein derartiges Mittel hat man in der Perjodsäure gefunden. Sie dient nicht nur zur Kenntnis der Reaktionen bei den genannten technischen Prozessen, sondern auch in großem Maße zur Konstitutionsaufklärung. Sogar zur Darstellung von Produkten, die von der ursprünglichen Cellulose völlig verschieden sind, kann sie verwandt werden. Gerade in den letzten Jahren hat die Oxydation mit Perjodsäure nicht nur der Cellulose, sondern auch anderer Polysaccharide großes Interesse gefunden. In der vorliegenden Arbeit soll eine zusammenfassende Darstellung des bisher über die Oxydation der Cellulose mit Perjodsäure veröffentlichten Materials gegeben werden.

Durch die Arbeiten von *L. Malaprade* [1] wurde die selektive Oxydationswirkung der Perjodsäure bzw. ihrer Salze auf sekundäre Hydroxylgruppen bekannt. *Malaprade* stellte nämlich fest, daß eine Reaktion zwischen Perjodsäure und mehrwertigen Alkoholen nur dann stattfand, wenn die letzteren benachbarte Hydroxylgruppen aufwiesen. Er prüfte die Einwirkung der Säure auf Glykol, Glyzerin, Erythrit, Mannit und Sorbit und fand, daß in jedem Falle die Perjodsäure durch die Alkohole zu Jodsäure reduziert worden ist. Dabei war es wesentlich, daß die Säure im Überschuß angewandt wurde. Unter diesen Bedingungen war der Säureverbrauch proportional der Menge des jeweiligen Alkohols.

Daraus ergaben sich nun zwei Folgerungen: Man konnte 1. quantitativ Polyalkohole bestimmen und 2. feststellen, wieviel benachbarte Hydroxylgruppen weist der fragliche Stoff auf. Denn, wie sich aus der folgenden Tabelle ergibt, erhöht sich der Säureverbrauch mit steigender Anzahl Hydroxylgruppen (Tab. 1).

Als Reaktionsprodukte wurden festgestellt: Formaldehyd und Ameisensäure. *L. Malaprade* hat auf Grund seiner Untersuchungen folgende allgemeine Formel für diesen Oxydationstyp aufgestellt:

$$CH_2OH - (CHOH)n - CH_2OH + (n+1)\,HJO_4 \longrightarrow$$
$$\longrightarrow (n+1)\,HJO_3 + H_2O + 2\,HCHO + nHCOOH.$$

Im Jahre 1933 beschäftigten sich *Fleury* und *Lange* [2] mit der Frage der Verallgemeinerung dieser immerhin recht speziellen Reaktion. Sie untersuchten die Reaktion von Perjodsäure mit Inosit, Weinsäure, Glukonsäure, Zuckersäure, Glukose und Dioxyaceton und fanden, daß die Reaktion in allen Fällen genau nach dem obigen Schema verläuft. Ein weiterer Beweis dafür ist die Tatsache, daß bei Methyl- und Äthylalkohol, Pentaerythrit, Glykolsäure, Apfelsäure und Zitronensäure keine Reaktion stattfindet.

Tabelle 1. Oxydation von Polyalkoholen durch Perjodsäure

Alkohol	Anzahl OH-Gr.	Angew. Menge in Molen	Perjodsäureverbrauch in Molen
Glykol	2	1	1
Glyzerin	3	1	2
Erythrit	4	1	3
Adonit	5	1	4
Mannit	6	1	5

Diese Ergebnisse sind 1934 von *L. Malaprade* [3] bestätigt worden. Beide Autoren folgern übereinstimmend auf Grund ihrer Untersuchungen, daß Formaldehyd lediglich aus primären Hydroxylgruppen entstehen kann, und daß die den alkoholischen benachbarten Gruppen einen Einfluß auf die Natur der Oxydationsprodukte ausüben. Der Verlauf der Reaktion soll nach *L. Malaprade* in zwei Stufen erfolgen:

a) Primärreaktion:
$RCHOH \cdot CHOHR' + HJO_4 \longrightarrow RCHO + R'CHO + HJO_3 + H_2O;$

b) Sekundärreaktion:
$R''CHOH \cdot CHO + HJO_4 \longrightarrow R''CHO + HCOOH + HJO_3.$

Gleichzeitig hat sich *R. Criegee* [4] mit der Frage des Reaktionsmechanismus dieses Oxydationstyps beschäftigt; er hält folgendes Schema in Analogie zu Bleitetraacetat für das wahrscheinlichste:

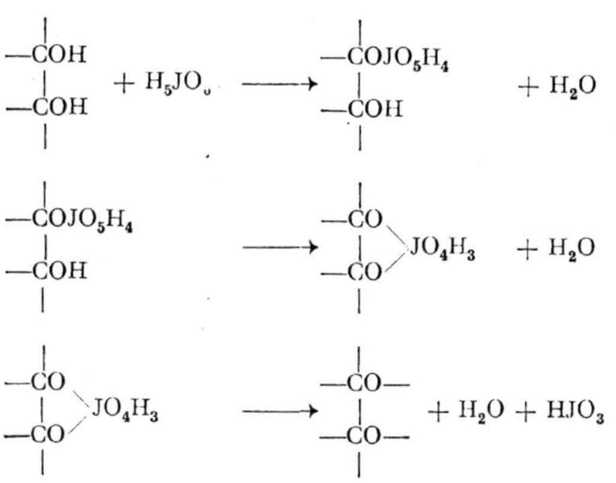
(1) (2) (3)

(4)

Die erste Stufe besteht in einer Veresterung einer der beiden Hydroxylgruppen durch Paraperjodsäure H_5JO_6 (oder $HJO_4 \cdot 2\,H_2O$); in der zweiten Stufe entsteht ein unbeständiger zyklischer Ester, der momentan in ein freies, zweiwertiges Radikal, Wasser und Jodsäure in der dritten Stufe verwandelt wird. In der vierten Stufe schließlich findet eine Umlagerung des Radikals zu Karbonylgruppen statt. Eine Bestätigung dieser Anschauung gaben *C. C. Price* und *H. Kroll* [5] sowie *L. J. Heidt, E. K. Gladding* und *C. B. Purves* [6].

Sowohl *Fleury* als auch *Malaprade* haben ihre Untersuchungen auch auf Kohlehydrate (Glukose, Laktose, Saccharose, Glukonsäure und Zuckersäure) ausgedehnt. Sie fanden dabei, daß auch in diesen Fällen die Reaktion mit Perjodsäure in quantitativer Weise erfolgt. *Fleury* und Mitarbeiter [7] untersuchten die Reaktion zwischen Perjodsäure und Kohlehydraten näher und fanden, daß eine Spaltung zwischen allen C-Atomen stattfindet. An verschiedenen Monosen und Glukosiden wurde festgestellt [8], daß im Falle der Oxydation von drei benachbarten Hydroxylgruppen durch Perjodsäure die mittelständige zu Ameisensäure und die beiden anderen zu Karbonylgruppen oxydiert werden. Diese Tatsache wurde von *E. L. Jackson* und *C. S. Hudson* [9] bestätigt, die α-Methyl-d-mannopyranosid (I) mit Perjodsäure behandelten und den entstandenen Dialdehyd (II) mit Bromwasser weiter oxydierten und das Endprodukt (III) als Strontiumsalz isolierten und identifizierten.

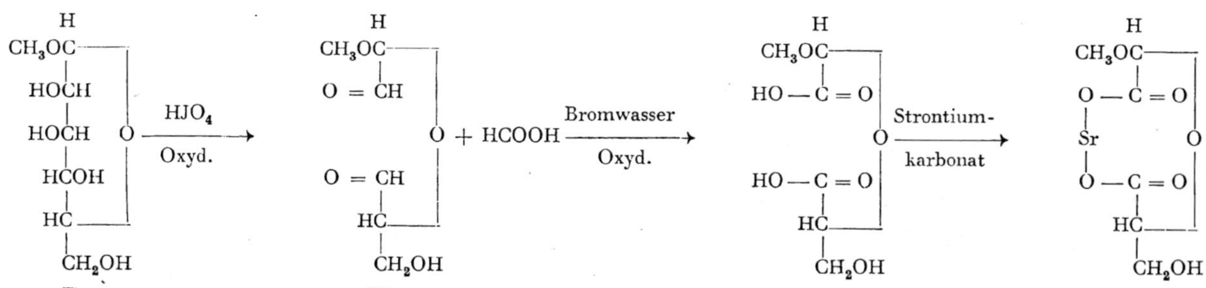
(I) (II) (III)

Jackson und *Hudson* bauten die neue Methode zur Konstitutionsaufklärung von Glukosiden weiter aus [10]. Es gelang ihnen so, einen sicheren Strukturbeweis für verschiedene Glukoside zu geben. Sie benutzten dabei neben anderen Kriterien die Menge der verbrauchten Perjodsäure als Beweis für bestimmte Ringstrukturen.

Nachdem die Entwicklung von den Polyalkoholen über die Zucker bis zu den einfachen Glukosiden fortgeschritten war, ist die Übertragung des Perjodsäureoxydationstyps auf die Polysaccharide eine logische Folgerung gewesen. Auch hier waren *E. L. Jackson* und *C. S. Hudson* die ersten, die die Reaktion zwischen Perjodsäure und Stärke bzw. Cellulose untersuchten [11]. Unter der heute allgemein üblichen Annahme, daß die Makromoleküle der Cellulose aus β-glukosidisch miteinander verbundenen Glukoseresten bestehen, muß der Angriff der Perjodsäure an den C-Atomen 2 und 3 erfolgen, wie folgendes Schema zeigt:

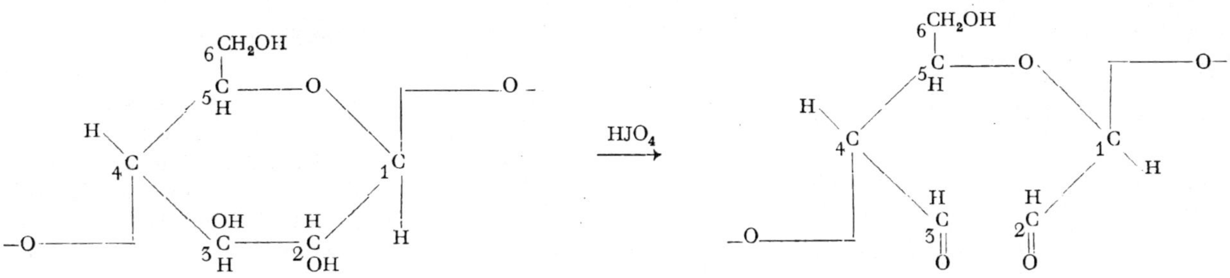

Die Autoren finden, daß ungefähr 1 Mol HJO_4 auf einen Glukoserest verbraucht wird, jedoch geht die Reaktion weiter, wahrscheinlich infolge von Nebenreaktionen. Durch Hydrolyse des Oxydationsproduktes mit wäßriger Salzsäure entsteht Glyoxal und d-Erythrose, womit der Beweis für die oben angegebene Struktur erbracht ist. *G. Jayme* und Mitarbeiter [12] bestätigten die Arbeiten von *E. L. Jackson* und *C. S. Hudson* durch ihre Untersuchungen an Cellulose und Xylan. Die Autoren konnten im Gegensatz zu den ersteren die Ausbeuten der Hydrolyseprodukte wesentlich durch Verwendung gepufferter Perjodsäurelösung erhöhen.

Damit war der erste Abschnitt der Entwicklung praktisch abgeschlossen. Die folgenden Arbeiten, die im nächsten Teil der Arbeit zu besprechen sind, bauen auf diesen Grunderkenntnissen auf und sind wohl in erster Linie auf die Verbreiterung der praktischen Anwendung ausgerichtet.

2. *Spezielle Arbeiten über die Anwendung auf Cellulose*

Nachdem der Reaktionsmechanismus und die Angriffsstellen bei der Oxydation mit Perjodsäure, wie im ersten Abschnitt gezeigt wurde, hinreichend geklärt waren, konnte man daran gehen, die gewonnenen Erkenntnisse zur Erforschung wichtiger Probleme in der Cellulosechemie anzuwenden.

G. F. Davidson [13] befaßte sich zunächst mit den Eigenschaften von oxydierter Cellulose, die im Anfangsstadium der Oxydation aus Baumwolle und Perjodsäure erhalten wurde. Er fand, daß die Oxydationsprodukte sehr stark reduzieren und sehr alkaliempfindlich sind. Ferner bestimmte der Autor die Methylenblauabsorption, die Viskosität in Cuoxam, die der nitrierten Oxycellulose in Aceton, die Kupferzahl und bei Fäden die Reißfestigkeit. Untersucht wurden lediglich Produkte mit Oxydationsgraden von 1 O-Atom auf 30 bis 40 Glukosereste. Bei den niedersten Oxydationsgraden war die Kupferzahl dem O-Verbrauch proportional, die Methylenblauabsorption nahm nicht merklich zu. Die Oxydationsprodukte werden schon durch schwache Alkalien stark abgebaut. Dabei nahm die Viskosität des nitrierten Produktes stark ab, während vor der Alkalibehandlung die Viskosität der Nitrocellulosen aus der ursprünglichen und der oxydierten Baumwolle fast gleich war. Die Reißfestigkeit der mit Perjodsäure oxydierten Cellulosen ist weit geringer als der mit Kaliumbichromat oxydierten. Die Wirkung des Alkali auf derartige Oxycellulosen wird als Aufspaltung von Bindungen in den oxydierten Kettenmolekülen gedeutet. Für die Oxydation ist es gleichgültig, ob man freie Perjodsäure oder ein Perjodat benutzt.

Eine heute sehr im Vordergrunde der Cellulosechemie stehende Frage betrifft die Einführung neuer, reaktionsfähiger Gruppen in das Makromolekül der Cellulose. Die Frage ist deshalb sehr wichtig, weil die Cellulose infolge ihrer beschränkten Fähigkeit zu chemischen Umwandlungen zu einer weitergehenden Variierung ihrer Eigenschaften nicht in dem Maße fähig ist, wie es die synthetischen Fasern heute schon sind. Wenn es gelingt, an Stelle der Hydroxylgruppen (eine primäre und zwei sekundäre pro Glukoserest) andere reaktionsfähige Gruppen einzuführen, so kann sich daraus die Möglichkeit ergeben, neue, modifizierte Celluloseprodukte herzustellen, die sehr wertvolle technische Eigenschaften aufweisen können. Ferner ist es möglich, durch diese Methodik einige prinzipielle Fragen der Cellulosechemie zu klären, z. B. die Frage nach den Veresterungsbedingungen und den Eigenschaften der erhaltenen Ester, weiterhin die Frage nach dem Mechanismus der Alkalicellulosebildung usw.

Alle genannten Fragen können nur gelöst werden, wenn man statt mit den bisher üblichen Oxydationsmethoden, die Gemische von Produkten ergeben, in denen sowohl primäre als auch sekundäre OH-Gruppen bis zu ganz unterschiedlichen Stufen oxydiert wurden und gleichzeitig fast stets ein Abbau der Makromoleküle stattfand, mit selektiven Oxydationsmitteln arbeitet. Wie wir anfangs gesehen haben, greift Perjodsäure nur die beiden sekundären OH-Gruppen an. Selbstverständlich wird der Pyranring an dieser Stelle aufgespalten, und ob man die so erhaltenen Produkte noch als Cellulosederivate ansprechen darf, ist eine andere Frage, die in diesem Zusammenhange nicht entschieden zu werden braucht.

In den letzten Jahren sind eine Reihe von Arbeiten auf diesem Gebiete erschienen [14], die sich mit der Untersuchung von Oxydationsprodukten der Cellulose mit Perjodsäure befassen, insbesondere der Widerstandsfähigkeit gegen Alkalien. Außer dem Ester der Salpetersäure mit der sogenannten Dialdehydcellulose konnten keine anderen Ester bzw. Derivate erhalten werden.

Von einigen sowjetischen Wissenschaftlern wurden die Untersuchungen über die Natur dieser eigenartigen

Präparate (Dialdehydcellulose und ihre Ester sowie Dikarboxylcellulose und ihre Ester) in den vergangenen Jahren weitergeführt. *S. A. Rogowin, N. N. Schorygina, A. G. Jaschunskaja* und *M. G. Treiwas* [15] kamen auf Grund ihrer Arbeiten zu folgenden Schlußfolgerungen:

1. Die Einführung kleiner Mengen Aldehyd- oder Karboxylgruppen in das Cellulosemakromolekül verändert die Eigenschaften der erhaltenen Ester, insbesondere der Salpeter- und Essigsäureester, sehr stark. So wird z. B. die Löslichkeit der genannten Ester durch den Austausch von 1 bis 2 % der Hydroxylgruppen gegen Aldehyd- oder Karboxylgruppen bedeutend herabgesetzt (vgl. Tab. 2 und 3).

2. Die Spaltung des Pyranringes im Cellulosemakromolekül hat einen bestimmten Einfluß auf die Änderung der Eigenschaften, insbesondere auf die Beweglichkeit einzelner Glieder. Die verringerte Widerstandsfähigkeit der Dialdehydcellulose gegen Alkalien hat wahrscheinlich mit der Spaltung des Pyranringes nichts zu tun, sondern ist eine Folge der entstandenen Dialdehydgruppierung. Beim Übergang von Dialdehyd- zu Dikarboxylcellulose erhöht sich die Widerstandsfähigkeit wieder, obwohl der Pyranring nach wie vor gespalten ist.

Die Autoren arbeiten unter streng eingehaltenen Bedingungen, wobei der p_H-Wert des Milieus, in diesem Falle 4,5, sehr wesentlich ist.

Daß die Oxydation der Cellulose mit Perjodsäure tatsächlich nur bis zur Aldehydstufe stattfindet, geht aus den experimentellen Angaben hervor, in denen die Autoren feststellen, daß sie in jedem Falle bei Dialdehydcellulose, selbst höherer Substitutionsgrade, nur sehr geringe Mengen freier Karboxylgruppen fanden.

Der Oxydationsgrad wird einmal durch den Gehalt an Aldehydgruppen und zum anderen durch den Verbrauch an Oxydationsmitteln bestimmt. Beide Methoden geben übereinstimmende Resultate, was gleichzeitig auch das Fehlen von Nebenreaktionen beweist. Nähere experimentelle Angaben sind in Tab. 4 angeführt.

Durch den Austausch der Hydroxylgruppen gegen Aldehydgruppen wird sowohl bei der reinen Dialdehydcellulose als auch bei ihren Estern die Hygroskopizität wesentlich erhöht. Auffällig dabei ist die Tatsache, daß beim Ersatz von ca. 30 % der OH-Gruppen sich die Hygroskopizität der Dialdehydcellulose nur um das Doppelte, der Salpetersäureester aber um das 13fache erhöht (vgl. Tab. 5). Nach Ansicht der Autoren spielt dabei nicht nur die Substitution der OH-Gruppen, sondern auch der Bruch des Pyranringes eine Rolle.

Alle Dialdehydcellulosen, gleich welchen Oxydationsgrades, lösen sich in Cuoxam vollständig auf. Die Löslichkeit in Alkalien steigt mit zunehmender Zahl der COH-Gruppen.

Tabelle 2. *Änderung der Löslichkeit von Estern der Salpetersäure mit Dialdehyd- bzw. Dikarboxylcellulose in Abhängigkeit vom Substitutionsgrad* *

Nr.	Komponente	Funktionsgruppen *auf 100 Glukosereste*			Stickstoffgehalt	Löslichkeit in Aceton
		OH	COOH	COH	%	%
1.	Cellulose	300	—	—	13,85	100,0
2.	Dialdehydcellulose	293,2	—	6,8	13,66	43,2
3.	,,	255,0	—	45,0	12,69	3,4
4.	Dikarboxylcellulose	290,0	10,0	—	13,5	99,0
5.	,,	267,3	33,0	—	13,0	89,3

* Nitriergemisch: HNO_3 48%, H_3PO_4 50%, P_2O_5 2%, 15 bis 20°C.

Tabelle 3. Änderung der Löslichkeit von Estern der Essigsäure mit Dialdehyd- bzw. Dikarboxylcellulose in Abhängigkeit vom Substitutionsgrad **

Nr.	Komponente	Funktionsgruppen *auf 100 Glukosereste*			Acetylgehalt	Löslichkeit in Methylenchlorid
		OH	COOH	COH	%***	%
1.	Cellulose	300	—	—	62,3	100,0
2.	Dialdehydcellulose	290,3	—	9,7	62,1	100,0
3.	,,	263	—	37,0	62,5	60,8
4.	Dikarboxylcellulose	290	10	—	61,3	100,0
5.	,,	266	34	—	55,4	96,3

** Acetylierungsgemisch: Essigsäure: Anhydrid 1:1, H_2SO_4 17,5 % des Cellulosegewichtes, Modul 1:7,5; 7,5 h, 30° C.
*** als Essigsäure berechnet.

Tabelle 4. Die Bedingungen der Oxydation von Cellulose zu Dialdehydcellulose und deren Gehalt an funktionellen Gruppen

Oxydationsbedingungen Dauer h	Temperatur °C	HJO_4 g/l	Ausbeute in % des Ausgangsmaterials	Gehalt der Dialdehydcellulose an funkt. Gruppen auf 100 Glukosereste OH	COH	COOH	Jodzahl
2	18	14,35	94,2	293	7	0	8
7	20	7,00	96,0	286	14	0	17
25	15	5,85	98,0	277,8	22,2	0	27
42	15	9,17	95,1	252,8	47,2	0	58
168	15	8,60	93,7	226,4	73,6	0	90
240	15	10,30	92,8	196,4	103,6	—	128
864	13	7,70	96,4	150,0	150,0	—	184
240	18	15,00	88,2	128,0	172,0	—	212

Tabelle 5. Vergleich der Feuchtigkeitsaufnahme von Dialdehydcellulose und des Salpetersäureesters

Dialdehydcellulose			Salpetersäureester		
COH-Gruppe pro 100 Glukosereste	Menge absorbierter Feuchtigkeit in % *	Verhältnis zum Ausgangsmaterial	Stickstoffgehalt in %	Menge absorbierter Feuchtigkeit in % *	Verhältnis zum Ausgangsmaterial
0	8,75	1,00	13,85	0,82	1,00
7,0	8,61	1,00	13,66	1,02	1,25
43,8	8,93	1,02	12,69	2,64	3,22
72,0	10,85	1,24	11,91	3,50	4,27
117,4	13,10	1,50	10,26	—	—
144,6	15,55	1,78	9,42	11,02	13,45

* Bestimmt im Exsikkator über gesättigter NaCl-Lösung bis zur Einstellung des Gleichgewichtes.

Die Untersuchung der Nitrierungsprodukte von Dialdehydcellulosen wechselnden Substitutionsgrades ergab eine ganze Reihe von besonderen Eigenschaften dieser Ester. Wie bereits oben berichtet wurde (Tab. 2), wird die Löslichkeit der Dialdehydcelluloseester mit steigendem Oxydationsgrad immer geringer. Diese Tatsache entspricht den von *G. F. Davidson* bereits früher erhaltenen Ergebnissen [13]. Als wahrscheinlichste Erklärung wird von den Autoren die Entstehung normaler Hauptvalenzbindungen zwischen einzelnen Makromolekülen angesehen. Das entspricht einer Vernetzung, die von den synthetischen Hochpolymeren her bekannt ist. In dem wasserfreien Medium der Nitriersäure ist eine Wechselwirkung der Aldehyd- und Hydroxylgruppen mit einer Säure und als Folge die Entstehung von Acetalbindungen nach folgendem Schema durchaus möglich:

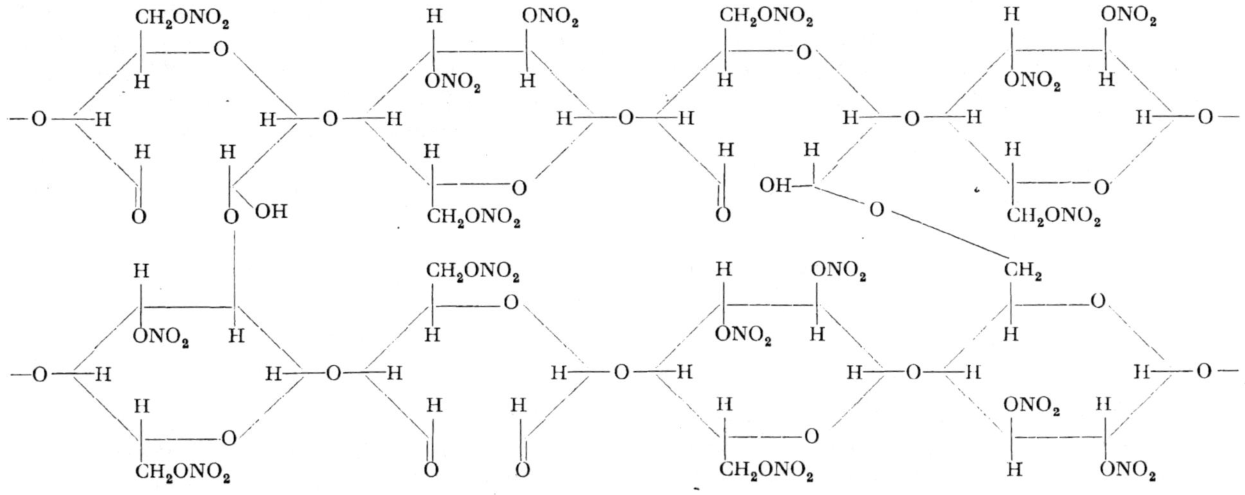

Die Tatsache des schnellen Absinkens der Löslichkeit Hochpolymerer durch Vernetzung, wenn auch nur in ganz geringem Maße, bestätigt das oben Gesagte. Die experimentelle Nachprüfung macht bedeutende Schwierigkeiten, jedoch konnte durch Bestimmungen des Gehaltes an Aldehydgruppen, vor und nach der Nitrierung, an sehr stark oxydierten Präparaten festgestellt werden, daß nach der Nitrierung eine Verringerung der Aldehydgruppen stattfand (Tab. 6). Durch den Nitrierungsvorgang wird ein Teil der Aldehydgruppen zu Karboxylgruppen oxydiert, der Gesamtgehalt an COH- und COOH-Gruppen ist nach der Nitrierung jedenfalls geringer als vorher. Bei schwach oxydierten Präparaten ist keine Änderung des Aldehydgruppengehaltes durch die Nitrierung festzustellen. Wahrscheinlich werden nur sehr wenig Brückenbindungen für das Sinken der Löslichkeit um das Zwei- bis Dreifache erforderlich sein, so daß die entsprechenden Veränderungen an den COH-Gruppen mit Hilfe der üblichen Analysenmethoden nicht aufzufinden sind.

Eine weitere Bestätigung dieser Theorie erhält man, wenn man die vernetzten Produkte mit verdünnten Säuren bei erhöhter Temperatur zur teilweisen Zerstörung der Acetalbindungen behandelt. Die Löslichkeit der so gewonnenen Präparate müßte wieder ansteigen. Die durchgeführten Versuche bestätigen diese Vermutungen (Tab. 6).

Die zuletzt erwähnten Tatsachen können in Fällen anormal niedriger Löslichkeit von Nitrocellulosen als Erklärung dienen.

Bei der Untersuchung der Essigsäureester der Dialdehydcellulosen ergab sich eine auf den ersten Blick unerwartete Tatsache. Der Acetylgehalt ver-

Tabelle 6. Eigenschaften verschiedener Salpetersäureester der Dialdehydcellulose vor und nach der Zerstörung der Acetalbindungen durch verdünnte Säuren

Ausgangsmaterial			Salpetersäureester vor der Zerstörung				Salpetersäureester nach der Zerstörung		
	Jodzahl	COH auf 100 Glukosereste	N-Gehalt in %	Löslichkeit in Aceton in %	pro 100 Glukosereste COH	pro 100 Glukosereste COOH	Behandlungsbedingungen H_2SO_4-Konzentr. in %	Behandlungsbedingungen Dauer h	Löslichkeit in %
Linters	0,29	—	13,85	100	—	—	—	—	—
Dialdehydcellulose	6,5	5,2	13,75	44,4	5,8	—	—	—	—
	17,3	14,0	13,1	27,6	6,4	1,7	1,0	3	47,0
							0,2	1	35,7
	54,5	43,8	12,7	3,4	—	—	—	—	—
	90,8	73,3	11,8	3,8	27,0	7,1	—	—	—
	100		10,3	2,4			1,0	3	47,7
							0,2	1	23,5
	144,8	117,4	10,26	3,3	—	—	—	—	—
	178,8	144,6	9,42	1,6	—	—	—	—	—

schieden stark oxydierter Produkte schwankte nicht mit dem Oxydationsgrad, sondern entsprach immer ungefähr dem eines normalen Triacetates. Auf diese eigenartige Tatsache wird weiter unten noch eingegangen werden.

Die Darstellung der Ester erfolgte folgendermaßen: Anfeuchten mit Eisessig während 20 bis 24 h im Verhältnis 1 : 1 bei einer Temperatur von 18 bis 20° C. Acetylierungsgemisch Essigsäureanhydrid: Eisessig 1 : 1 Schwefelsäure 17 % des Gewichtes der Dialdehydcellulose Modul 1 : 7,5. Das Gemisch wurde zunächst auf 15° C gekühlt, dann unter Rühren die Dialdehydcellulose eingebracht und 7 h bei 30° C acetyliert. Anschließend wurde ein dem Ansatz gleiches Volumen Aceton zugesetzt und das Ganze in dünnem Strahl in viel kaltes Wasser eingegossen. Der Ester fällt in Form von dünnen Häutchen aus. Dialdehydcellulosen besonders hoher Oxydationsgrade lösen sich jedoch unter den angegebenen Bedingungen in dem Acetylierungsgemisch nicht. Aus Tab. 7 ist zu ersehen, daß der Acetylgehalt bei Präparaten, in denen 5 bis 37 % der OH-Gruppen oxydiert sind, gleich bleibt. Diese Tatsache wird jedoch durch die Struktur der Dialdehydcellulose verständlich. Man nimmt bekanntlich an, daß letztere ein Polyacetal der Erythrose und des Glyoxals ist und die Erythrose die Fähigkeit besitzt, zyklische Halbacetale zu bilden. Dabei kann nur eine OH-Gruppe am C-Atom 1 des Erythrosehalbacetals sitzen, wie folgendes Schema erkennen läßt:

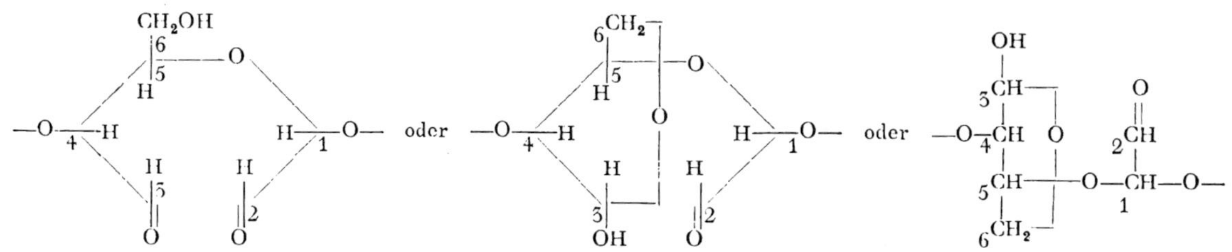

Aldehydgruppen reagieren ebenfalls mit Essigsäureanhydrid unter Bildung entsprechender Ester. Dabei bindet die Aldehydgruppe des Glyoxals 2 Acetyle, die Erythrose als Halbacetal 1 Acetyl und nicht oxydierte Hydroxyle auch je 1 Acetyl. Auf diese Weise wird es verständlich, daß die Anzahl der im Glukoserest gebundenen Acetyle unabhängig von der Oxydation und deren Stufe unverändert resultiert. Den Essigsäureester der Dialdehydcellulose kann man sich folgendermaßen vorstellen:

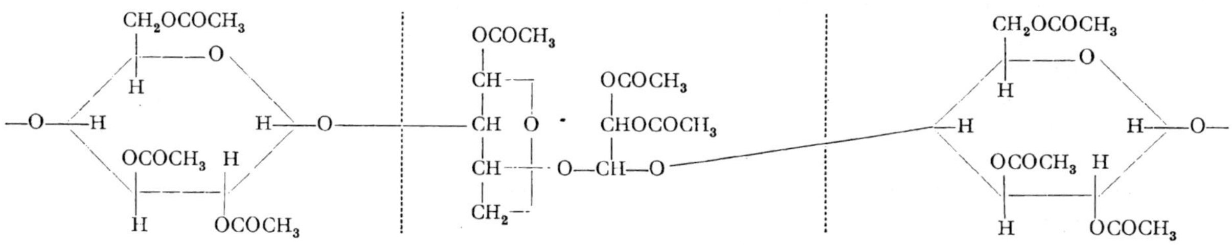

Die Löslichkeit der Essigsäureester höherer Oxydationsstufen ist wesentlich niedriger als von normalen Triacetaten. Scheinbar sind auch in diesem Falle Acetalbindungen zwischen den einzelnen Makromolekülen entstanden, andererseits kann die Menge dieser Bindungen nicht groß sein, denn nach dem Acetylgehalt müssen alle reaktionsfähigen Gruppen verestert sein.

Tabelle 7. Zusammensetzung und Eigenschaften der Essigsäureester von Dialdehydcellulosen

Ausgangs-material	Jod-zahl	COH pro 100 Glukose-reste	Essigsäureester CH_3COOH in % ber.*	gef.	Löslichkeit in Methylen-chlorid (%)	Jodzahl nach der Acety-lierung
Linters	0,29	—	62,5	62,3	100	—
Dialdehyd-cellulose	11,8	9,7	61,4	62,1	100	22
	21,9	18,1	60,4	61,9	96,8	—
	27,5	22,2	60,0	62,3	61,7	—
	44,5	36,0	58,2	61,9	60,8	2,3
	91,6	74,4	53,0	61,7	36,1	3,5
	187,0	150,0	40,2	5,1	0	188,0

* berechnet nur unter Berücksichtigung freier OH-Gruppen.

Zum Schluß sind die Autoren noch dazu übergegangen, Acetale der Dialdehydcellulose mit Alkoholen herzustellen, da sie annahmen, daß die so gewonnenen Produkte eine größere Stabilität gegenüber Alkalien aufweisen müßten. Die Ergebnisse sind in Tab. 8 zusammengestellt. Man bemerkt dabei eine starke Abnahme der Jodzahl und eine enorme Verringerung der Löslichkeit in Alkali. Diese Tatsache kann jedoch nicht nur mit der Bildung von Acetalen erklärt werden, da der Methoxylgehalt im erhaltenen Acetal bedeutend kleiner ist, als dem Sinken des Aldehydgehaltes entspricht.

Die Autoren erklären die Tatsache damit, daß

bei Gegenwart von wasserfreier HCl neben äußeren Acetalen auch innere entstehen können.

Abschließend noch einige kurze Angaben zur Darstellung der Dialdehydcellulosepräparate. Linters wurden bei einem p_H-Wert von 4 bis 5 mit Natriumacetat als Puffer durch Perjodsäurelösungen mit 6 bis14 g/l je nach der erstrebten Oxydationsstufe verschieden lang oxydiert. Es wurde das $1^1/_2$fache der theoretisch erforderlichen Menge an Perjodsäure verwendet. Nach beendeter Oxydation wurde abfiltriert, zuerst mit Wasser und schließlich mit Alkohol und Äther gewaschen.

Tabelle 8. Darstellung von Dialdehydcelluloseacetalen und deren Eigenschaften

Ausgangsdialdehydcellulose		Reaktionsbedingungen			Eigenschaften der erhaltenen Produkte		
Jodzahl	Löslichkeit in 2% NaOH in %	Reagens*	Temperatur °C	Dauer h	Jodzahl	OCH_3 %	Löslichkeit in 2% NaOH in %
93,1	47,9	CH_3OH	64	3	12,5	4,10	5,4
93,1	—	CH_3OH	16	48	47,9	4,34	—
108,2	53,2	CH_3OH	64	3	12,5	2,62	8,9
108,2	53,2	Dioxan	70	6	84,6	—	45,4
165,0	96,6	Dioxan	70	3	125,0	—	—

* bei Gegenwart kleiner Mengen Chlorwasserstoff.

Auf eine grundsätzlich andere Fragestellung beziehen sich die Arbeiten anderer Autoren. So fand z. B. *G. Jayme* [16], daß die Oxydation von Cellulose mit Perjodsäure in gepufferter Lösung in der ganzen Faser gleichzeitig vor sich geht, in ungepufferter dagegen von Schicht zu Schicht fortschreitet. In derselben Richtung bewegten sich die Arbeiten von *G. Goldfinger*, *H. Mark* und *S. Siggia* [17], die die Perjodatoxydation zur Bestimmung des Gehaltes an zugänglichem Material in verschiedenen Cellulosen benutzten. Sie fanden dabei, daß die Anzahl der gebildeten Aldehydgruppen bald ein Maximum erreicht und dann stetig, infolge Weiteroxydation durch den Perjodsäureüberschuß zu Karboxylgruppen, absinkt. Der Verbrauch an Oxydationsmittel ist anfangs sehr rapide und betrifft wahrscheinlich die zugänglichen Faserbereiche. Durch Extrapolation der Reaktionskurve kann man die Größenordnung dieses Bereiches abschätzen. *T. Timell* [18] befaßte sich in den letzten Jahren erneut mit der Anwendung der Perjodsäureoxydation auf Cellulose zur Bestimmung des Gehaltes an zugänglichem Material. Für seine Untersuchungen benutzt der Autor mit Hypochlorit gebleichte Linters, einen gebleichten Sulfitzellstoff und eine Viskoseseide. Die Oxydation wird mit einer 0,05 molaren Natriumparaperjodatlösung, die mit Essigsäure auf einen p_H-Wert von 4,0 gepuffert ist, ausgeführt. Der Gehalt an zugänglichem Material wurde durch Extrapolation aus der Reaktionskurve (in Abhängigkeit von der Zeit) ermittelt, wobei die Steilheit der Kurve als Maß für die Reaktionsfähigkeit angenommen wurde. In Tab. 9 sind die dabei erhaltenen Ergebnisse zusammengestellt.

Tabelle 9. Zugänglicher Anteil und Reaktionsfähigkeit der kristallinen Komponente einiger Cellulosen, bestimmt durch Oxydation mit Perjodsäure

Material	Zugänglichkeit %	Reaktionsfähigkeit umgesetzt pro h in %
Linters	6,2	0,8
Viskoseseide	18,0	2,8
Sulfitzellstoff		
α-Cellulosegehalt 94 %	7,0	1,7
α-Cellulosegehalt 90 %	8,6	2,0
α-Cellulosegehalt 88 %	9,5	2,1
Linters regeneriert		
aus Wasser getrocknet	8,0	3,1
aus Benzin getrocknet	14,2	2,9

Linters und Zellstoff sind in bezug auf die Zugänglichkeit fast gleich, Seide hat jedoch einen zirka dreimal so hohen Gehalt. Interessant sind auch die Unterschiede zwischen den verschiedenen Zellstoffen, offenbar werden die Hemicellulosen schneller oxydiert. Das Trocknen aus einer homöopolaren Flüssigkeit wie Benzin verdoppelt anscheinend die Reaktionsfähigkeit im Vergleich zu Wasser. Erklärt wird diese Tatsache dadurch, daß das Benzin möglicherweise die Entstehung von Wasserstoffbindungen verhindern kann.

Durch Merzerisierung in 35 %iger NaOH wird der Gehalt an zugänglichem Material und die Reaktionsfähigkeit erhöht, wie aus Tab. 10 zu ersehen ist.

Die hier geschilderten Ergebnisse stimmen mit denen auf andere Weise gewonnenen gut überein [19].

Durch Einführung geringer Mengen Methylgruppen in 2- und 3-Stellung werden vor der Oxydation mit Perjodsäure geschützte Glukosereste in der Cellulose erhalten. Der Autor fand, daß ein derartiges Präparat in der Perjodsäurelösung zu quellen begann, sowie sich auch der ganze Reaktionsablauf verändert hat.

Der Autor hegt auf Grund seiner Untersuchungen nur noch geringe Zweifel daran, daß während der Perjodsäureoxydation der Cellulose eine Rekristallisation stattfindet. Dementsprechend ergibt die Perjodatmethode keine absoluten Werte für den Gehalt an amorphem und kristallinem Material. Trotzdem aber

Tabelle 10. Zugänglicher Anteil und Reaktionsfähigkeit der kristallinen Komponente verschiedener in 35 %iger NaOH merzerisierter Cellulosen

Material	Zugänglichkeit %	Reaktionsfähigkeit umgesetzt pro h in %
Linters aus Wasser getrocknet	8,0	2,9
Linters aus Methanol getrocknet	8,0	2,7
Linters aus Benzin getrocknet	12,0	2,3
Zellstoff aus Methanol getrocknet	13,3	2,8
Viskoseseide aus Methanol getr.	28,0	2,3

scheint diese Methode doch einen beträchtlichen Wert für den Vergleich von Cellulosepräparaten untereinander zu besitzen, weil sie immerhin sehr spezifisch und noch dazu einfach anzuwenden ist.

Die Anwendung der Perjodsäureoxydation auf Cellulose kann, wie im Vorangegangenen dargelegt, also in verschiedenen Richtungen und auf den verschiedensten Sektoren des gesamten Gebietes der Cellulosechemie erfolgen. Welcher Methode man sich dabei bedienen wird, hängt selbstverständlich weitgehend von der Problemstellung und den Umständen ab. Man kann heute sagen, daß dieser Oxydationstyp große Erkenntnisse in bezug auf Bau und Reaktionsweise der Cellulose gebracht hat. Aber noch viel mehr bleibt dem weiteren Forschen vorbehalten, wobei besonders zu betonen ist, daß gerade hier die Möglichkeiten sehr günstig sind.

3. Darstellung der Perjodsäure bzw. ihrer Salze

Für die Durchführung der Oxydation wird reine Perjodsäure oder eines ihrer Salze benötigt, es ist deshalb angebracht, kurz auf die Darstellung einzugehen. Da Perjodsäure technisch wohl kaum hergestellt wird, sollen hier einige Hinweise für die in Frage kommenden Methoden gegeben werden.

Die freie Perjodsäure HJO_4 bzw. H_5JO_6 kann durch Zersetzung von Silberperjodat ($AgJO_4$) mit Brom und Wasser erhalten werden [20]. Aus einem anderen Silberperjodat (Ag_3JO_5) läßt sich die Säure durch Einleiten von Chlor in die wäßrige Suspension des Salzes unter kräftigem Schütteln gewinnen [21]. Zur Isolierung der festen Säure H_5JO_6 wird die Lösung dekantiert und ohne Filtration bei 60° weitgehend eingedampft und schließlich im Vakuumexsikkator zur Kristallisation gebracht.

Ferner kann die Säure aus Bariumperjodat gewonnen werden, wenn man diese Verbindung mit etwas weniger als der äquivalenten Menge verdünnter Schwefelsäure erhitzt. Jedoch ist die Umsetzung nicht vollständig und die Ausbeute infolgedessen nicht allzu hoch [22]. *E. L. Jackson* und *C. S. Hudson* [23] stellen Perjodsäurelösungen aus Kaliumperjodat über die Bariumverbindung her. Sie lösen 75 g Kaliumperjodat in 2½ l heißen, destillierten Wassers und kühlen diese Lösung vorsichtig bis zur beginnenden Kristallisation bei ca. 65° ab. Dazu geben sie eine Lösung von 89,2 g reinem Bariumacetat (xH_2O) in 500 ccm kaltem Wasser. Unter kräftigem Schütteln wird zunächst mit Eiswasser gekühlt und anschließend noch ca. 6 h bei 5° aufbewahrt. Das ausgefallene Bariumperjodat wird abfiltriert und mit kaltem Wasser frei von Essigsäure gewaschen, zwei Tage an der Luft getrocknet und schließlich im Vakuumexsikkator über $CaCl_2$ bei Zimmertemperatur. Die Ausbeute beträgt 115 bis 120 g mit 37,6 % Ba. Die freie Säure wird dann durch 1½stündiges Schütteln einer Suspension von 20,6 g gepulverten Bariumperjodats in 45 ccm destillierten Wassers, dem genau die Menge n/1 H_2SO_4 zugesetzt ist, in wäßriger Lösung erhalten. Nach Filtration (Glasfritte!) wird mit Wasser auf 200 ccm aufgefüllt.

Auf elektrolytischem Wege kann Perjodsäure ebenfalls dargestellt werden, und zwar durch Elektrolyse von wäßrigen HJO_3-Lösungen. Man kann aber auch von elementarem Jod ausgehen, wie dies von *H. H. Willard* und *R. R Ralston* [24] beschrieben worden ist. Die Autoren verwenden eine poröse Tonzelle als Diaphragma, deren Inneres als Anodenraum dient. Zur Füllung dient ca. 0,7-n HCl und gewöhnliches, nicht besonders gereinigtes Jod. Letzteres löst sich bei einer Stromstärke von 15 Amp. schnell genug in der HCl nach folgendem Schema:

$$2\,HCl + J_2 = 2\,JCl + 2\,H^\cdot + 2\,0$$

Die Oxydation erfolgt nach der Gleichung:

$$JCl + 3\,H_2O = HJO_3 + HCl + 4\,H^\cdot + 4\,0$$

Bezüglich der Durchführung wird auf die Originalliteratur verwiesen.

Zur Darstellung der Perjodate kann man mehrere Wege einschlagen. Beim Einleiten von Chlor in eine siedende Lösung von Jod in Natronlauge oder Sodalösung geht die Oxydation bei langdauerndem Einleiten über die $NaJO_3$-Bildung weiter zu $Na_3H_2JO_6$, daß in dem Maße, wie es entsteht, ausfällt. Jedoch ist das Produkt noch mit Na_2CO_3 verunreinigt [25].

An Stelle von elementarem Jod kann man auch von Jodat ausgehen. Dazu leitet man in eine stark alkalische Jodatlösung beim Sieden Chlor ein. Auf diese Weise können $Na_3H_2JO_6$ und KJO_4 erhalten werden [26]. So entsteht z. B. Natriumperjodat in etwa 80 %iger Ausbeute beim raschen Durchleiten von Chlor durch eine Lösung von 1 $NaJO_3$ + 5 NaOH nach der Gleichung:

$$NaJO_3 + Cl_2 + 4\,NaOH = Na_3H_2JO_6 + 2\,NaCl + H_2O$$

Beim Kochen einer stark alkalischen Jodidlösung mit einem großen Überschuß einer NaClO-Lösung wird mit fast theoretischer Ausbeute Natriumperjodat erhalten [27].

Beim Erhitzen einer Lösung von 0,5 g HJO_3, 5 g Na_2CO_3 und 10 g $K_2S_2O_3$ in 250 cm³ H_2O bis zum Sieden und tropfenweisem Zusatz von 150 cm³ n/10 $AgNO_3$-Lösung wird das braune Ag_3JO_5 quantitativ erhalten.

Ferner können Salze der Perjodsäure wie die freie Säure auch elektrolytisch dargestellt werden. Dazu benutzt man eine mit KJO_3 gesättigte n/1 KOH, die außerdem noch 0,1 % K_2CrO_4 enthält. Als Anode dient Platinblech, als Kathoden zwei Platindrahtnetze zu beiden Seiten der Anode mit einer anodischen Stromdichte von etwa 0,05 Amp/cm² [28].

Man kann die Perjodate natürlich auch durch Neutralisation der freien Perjodsäure mit Alkali in Lösung erhalten. *K. H. Meyer* und *P. Rathgeb* [29] geben dafür ein Beispiel an. Die Autoren neutralisieren eine reine Perjodsäure-Lösung mit n/1 NaOH bis zu einem p_H-Wert von 3,8 bis 4, die Lösung ist dann haltbar.

Die in diesem Abschnitt gebrachten Hinweise zur Darstellung sollen die Einarbeitung in die Methoden erleichtern und zur Orientierung über die wichtigsten durchführbaren Verfahren dienen.

4. Analysenmethoden

Zur Kontrolle der verschiedenen Reaktionen der Perjodsäure ist es notwendig, genaue und spezifische Analysenmethoden an der Hand zu haben, weshalb es wohl zweckmäßig ist, an dieser Stelle auf die in Frage kommenden Methoden etwas einzugehen. Man wird in der Hauptsache mit folgenden Aufgaben zu rechnen haben:

1. Bestimmung des Gehaltes an Perjodsäure bzw. Perjodat allein oder neben Jodsäure bzw. Jodat.
2. Bestimmung der entstehenden Reaktionsprodukte, insbesondere des Aldehyds und Karboxyls.
3. Bestimmung des Oxydationsgrades.

Bestimmung des Gehaltes an Perjodsäure bzw. Perjodat allein oder neben Jodsäure bzw. Jodat. L. Malaprade [1] gibt zwei Methoden zur Bestimmung bzw. Reinheitsprüfung der Perjodsäure an: 1. Umsetzung mit KJ in saurem Medium und nachfolgender Titration des freien Jods mit Natriumthiosulfat und 2. Titration mit Kalilauge und Helianthin als Indikator. Die Kalium- und Natriumsalze lassen sich ebenfalls auf die erste Art bestimmen. Zur Bestimmung von Perjodsäure neben Jodsäure gibt *L. Malaprade* (loc. cit.) folgende Vorschrift an: Zwei gleiche Proben der Substanz oder Lösung werden vorbereitet, die erste wird angesäuert und nach Zugabe von KJ das freie Jod titriert (6 J für 1 JO_3^- und 8 J für 1 JO_4^-). Zur zweiten gibt man nach Ansäuern mit H_2SO_4 oder HCl einen großen Überschuß von Mannit, nach einer halben Stunde ist das gesamte Perjodat reduziert. Nach der Zugabe von KJ wird das freie Jod titriert:

$$JO_4^- \longrightarrow JO_3^{---} \longrightarrow 6\,J$$
$$JO_3^{---} \longrightarrow 6\,J$$

Aus den beiden erhaltenen Daten kann der Gehalt der Mischung an JO_4^- und JO_3^- berechnet werden.

In den späteren Arbeiten hat sich jedoch diese Methode nicht weiter durchgesetzt, zur Bestimmung der Perjodsäure neben Jodsäure wird ausschließlich die Methode von *Fleury* und *Lange* [30], die Natriumarsenit benutzt, angewandt.

Bestimmung der entstehenden Reaktionsprodukte, insbesondere des Aldehyds und Karboxyls. Wenn es sich, wie bei den Mono- und Oligosacchariden, bei den Reaktionsprodukten um Ameisensäure und Formaldehyd handelt, kann man diese Verbindungen folgendermaßen bestimmen. Zur Feststellung des Gehaltes an Ameisensäure wird die Gesamtsäure vor und nach der Reaktion bestimmt. *L. Malaprade* (loc. cit.) benutzt diese Methode, die jedoch mehrere Nachteile hat, u. a. den, daß sie zu hohe Blindwerte liefert. *Y. Khouvine* und *G. Arragon* [31] neutralisieren die Perjodsäure mit Barytwasser. Nach Ansäuern wird die Ameisensäure mit Wasserdampf abdestilliert und titriert. Der Formaldehyd kann nach *Doeuvre* [32] durch Kaliumquecksilberjodid bestimmt werden:

$$\begin{aligned} &HCOH + HgJ_2 \cdot 2\,KJ + 3\,NaOH \\ &= HCOONa + Hg + 2\,KJ + 2\,NaJ + 2\,H_2O. \end{aligned}$$

Dabei wird die zu der obigen Reaktion verbrauchte Natronlauge maßanalytisch bestimmt.

Bei den Polysacchariden, wie Cellulose, handelt es sich fast ausschließlich darum, den Gehalt an Aldehyd- bzw. Karboxylgruppen, die durch die Oxydation entstanden sind, zu ermitteln. Die Bestimmung der Aldehydgruppen kann jodometrisch nach der von *S. A. Rogowin* und Mitarbeitern [15] modifizierten Methode von *Willstätter* und *Schudel* erfolgen. Zu einer Boraxlösung von $p_H = 9{,}2$ gibt man Jodlösung, vermischt und gibt sofort die zu untersuchende Substanz zu. Die Mischung wird mehrere Stunden bei einer bestimmten Temperatur gehalten, anschließend mit Salzsäure angesäuert und das freie Jod mit Natriumthiosulfat titriert. Aber auch durch Kondensation mit Hydroxylamin lassen sich die Aldehydgruppen bestimmen. Dazu wird eine Lösung von Hydroxylaminhydrochlorid in Wasser mit Natronlauge auf einen p_H-Wert von ca. 5 gebracht. Die Stoffprobe wird einige Zeit mit der Lösung geschüttelt. Nach Abfiltrieren wird die Lösung mit Salzsäure und Bromphenolblau als Indikator titriert.

A. R. Martin, *L. Smith*, *R. L. Whistler* und *M. Harris* [33] geben ebenfalls eine jodometrische Aldehydbestimmungsmethode an, die sich von der oben erwähnten nur durch den p_H-Wert und das Medium unterscheidet.

Die Bestimmung der Karboxylgruppen kann durch konduktometrische Titration in der üblichen Weise erfolgen oder durch Titration mit Silber-o-nitrophenolat nach *A. Sookne* und *M. Harris* [34]. Im übrigen wird die Bestimmung der Karboxylgruppen nicht immer notwendig sein, da die Weiteroxydation der Aldehydgruppen nur unter ganz bestimmten Bedingungen stattfindet und normalerweise vermieden wird.

Zur weiteren Charakterisierung der Reaktionsprodukte kann man die optische Drehung und Viskositätsmessung heranziehen. Durch Hydrolyse und Isolierung der entstandenen Produkte lassen sich ebenfalls Schlüsse über den Aufbau gewinnen.

Bestimmung des Oxydationsgrades. Die Bestimmung des Oxydationsgrades kann nach einer der oben angegebenen Methoden erfolgen, indem man einerseits feststellt, wieviel Oxydationsmittel verbraucht worden ist, und andererseits die Anzahl der in das Makromolekül neu eingetretenen Substituenten. Zweckmäßig ist es natürlich, sich mehrerer Methoden zu bedienen, um Vergleichsmöglichkeiten zu besitzen und dadurch Fehler weitestgehend auszuschalten.

Die in diesem Abschnitt angeführten Methoden erheben keinen Anspruch auf Vollständigkeit und sollen lediglich zur Orientierung dienen.

Literatur

[1] *Malaprade, L.*, Bull. Soc. chim. France **43** (1928) S. 683.
[2] *Fleury* und *Lange*, J. pharm. chim. [8] **17** (1933) S. 196, 313, 409.
[3] *Malaprade, L.*, Bull. Soc. chim. France **1** (1934) S. 833.
[4] *Criegee, R.*, *Kraft, L.*, und *Rank, B.*, Ann. **507** (1933) S. 159.
[5] *Price, C. C.*, und *Kroll, H.*, J. am. chem. Soc. **60** (1938) S. 2726.
[6] *Heidt, L. J.*, *Gladding, E. K.*, und *Purves, C. B.*, Paper Trade J. **121** (1945) S. 35, 69.
[7] *Fleury* und *Lange*, loc. cit.
[8] *Karrer, P.*, und *Pfaehler*, Helv. chim. Acta **17** (1934) S. 766. *Hérissey*, *Fleury* und *Joly*, J. pharm. chim **20** (1934) S. 149. *Fleury* und *Bon Bernatets*, J. pharm. chim. **23** (1936) S. 85.
[9] *Jackson, E. L.*, und *Hudson, C. S.*, J. am. chem. Soc. **58** (1936) S. 378.
[10] *Jackson, E. L.*, und *Hudson, C. S.*, J. am. chem. Soc. **59** (1937) S. 994; **61** (1939) S. 959. *Hudson, C. S.*, und Mitarbeiter, J. am. chem. Soc. **61** (1939) S. 1660; **60** (1938) S. 2059.
[11] *Jackson, E. L.*, und *Hudson, C. S.*, J. am. chem. Soc. **59** (1937) S. 2049; **60** (1938) S. 989.
[12] *Jayme, G.*, *Sätre, M.*, und *Maris, S.*, Naturw. **29** (1941).
[13] *Davidson, G. F.*, J. Textile Inst. **31** (1940) T 81.
[14] *Reeves, R.*, Ind. Engng. Chem. **35** (1943) S. 1281. *Harris, M.*, *Minor, F.*, *Martin, A.*, und *Rutherford, H.*, J. Res. Nat. Bur. Stand. **29** (1942) S. 131.
[15] *Rogowin, S. A.*, *Schorygina, N. N.*, *Jaschunskaja, A. G.*, und *Treiwas, M. G.*, J. angew. Chem. (russ.) **22** (1949) S. 857.
[16] *Jayme, G.*, Ber. **77** (1944) S. 383.
[17] *Goldfinger, G.*, *Mark, H.*, und *Siggia, S.*, Ind. Engng. Chem. **35** (1943) S. 1083.
[18] *Timell, T.*, Untersuchungen über Cellulosereaktionen, Stockholm 1950.
[19] *Urquhart, A. R.*, und *Williams, A. M.*, J. Text. Inst. **16** (1925) T 155. *Neale, S. M.*, J. Text. Inst. **22** (1931) T 320, 349, 357. *Frilette, V. J.*, *Hanle, J.*, und *Mark, H.*, J. am. chem. Soc. **70** (1948) S. 1107.
[20] *Lamb, A. B.*, Amer. chem. Journ. **27** (1902) S. 135.
[21] *Malaprade, L.*, Bull. Soc. chim. France **39** (1926) S. 330. —, Ann. chim. **11** (1929) S. 149. *Hill, A. E.*, Journ. am. chem. Soc. **50** (1928) S. 2679.
[22] *Selmons, F.*, Ber. **21** (1888) S. 234.
[23] *Jackson, E. L.*, und *Hudson, C. S.*, J. am. chem. Soc. **59** (1937) S. 994.
[24] *Willard, H. H.*, und *Ralton, R. R.*, Trans. amer. electrochem. Soc. **62** (1932) S. 242.
[25] *Malaprade, L.*, Bull. Soc. chim. France **39** (1926) S. 330. —, Ann. chim. **11** (1929) S. 149. *Kirkpatrick, L. M.*, und *Dickinson, R. G.*, J. am. chem. Soc. **48** (1926) S. 2328.
[26] *Hill, A. E.*, J. am. chem. Soc. **50** (1928) S. 2679. *Hill, A. E.*, und *Wolf, H. E.*, J. am. chem. Soc. **50** (1928) S. 2691.
[27] *Roques, F.*, *Gerngroß, A.*, J. pharm. chim. **16** (1902) S. 120.
[28] *Müller, E.*, Z. Elektrochem. **10** (1904) S. 49.
[29] *Meyer, K. H.*, und *Rathgeb, P.*, Helv. chim. Acta **31** (1948) S. 1540.
[30] *Fleury* und *Lange*, J. pharm. chim. **17** (1933) S. 107.
[31] *Khouvine, Y.*, und *Arragon, G.*, Bull. Soc. chim. France **8** (1941) S. 677.
[32] *Doeuvre*, Bull. **41** (1927) S. 1147.
[33] *Martin, A. R.*, *Smith, L.*, *Whistler, R. L.*, und *Harris, M.*, J. Res. Nat. Bur. Stand. **27** (1941) S. 449.
[34] *Sookne, A.*, und *Harris, M.*, J. Res. Nat. Bur. Stand. **26** (1941) S. 205.

Eingegangen am 2. Juli 1951

Neue Flachs-Aufbereitungsmaschinen

Obering. Rudolf Winter, Dresden

Bei der Fasergewinnung aus unserem heimischen Flachs (*Linum usitatissimum*) müssen zunächst die in seinem Stengel zur Interzellularsubstanz gefügten Pektine und Lignine, die die peripher in einzelnen Bündelgruppen angeordneten Faserbündel umschließen und verbinden, durch biologische oder chemische Aufschlußverfahren (Rösten) aufgelöst und der Zusammenhang von Epidermis, Parenchym, Faserbündel, Kambium und zentralem Holzkörper gelöst werden. Zur nachfolgenden Isolierung der Fasern genügten den vergangenen Jahrhunderten die einfachen hölzernen Brech- und Schwingwerkzeuge bekannter Art; seit dem 19. Jahrhundert haben mechanische Vorrichtungen und Maschinen zur Steigerung der Leistungen die Zahl und Größe der Arbeitsorgane in zunehmendem Maße erhöht. Die heute gebräuchlichen Schwingturbinen [1], die in verschiedenen Konstruktionen entwickelt wurden und auf den Entwürfen und Patenten von *Morison* [2], *H. Wolf* und *Dede*, *Spiegelberg* [2, 3], *J. Cardon* [4], *Vansteenkiste* und *J. Etrich* [5] basieren, erreichen Maschinenlängen von nicht weniger als 16000 bis 23000 mm bei einem Maschinengewicht von etwa 13250 kg und einem Kraftbedarf von 32 bis 45 PS. Die Leistung des Schwingturbinen-Aggregates beziffert sich auf eine Verarbeitung von 500 kg Röstflachs/h. Die zur Aufstellung erforderliche Grundfläche beträgt bei 30 bis 45 m Länge etwa 240 bis 500 m².

Die genannte Maschinenleistung wird mit fünf Bedienungspersonen erreicht. Mit dem belgischen bzw. irischen Handschwingstock erzielten geübte Schwingerinnen vergleichsweise in acht- bis neunstündiger Arbeitszeit 3 kg vollkommen fertig ausgeschwungenen Flachs [5]. Am mechanisierten Schwingstand dagegen wurden Tagesleistungen von 100 kg Strohflachs oder 70 bis 80 kg Röstflachs oder im Mittel 16 kg Schwingflachs bei etwa 8 kg Werganfall erreicht. Spätere Entwicklungen brachten die bekannten Helsing-, Bobby- und Etrich-Liliput-Maschinen mit Leistungen von 30 bis 60 kg Röstflachs/h oder etwa 6 bis 12 kg Schwingflachs/h.

Die früher viel verbreitete und bekannte *Etrich*sche Vier-Ringschwingmaschine lieferte stündlich bei 200 kg Röstflachsverbrauch eine Ausbeute von etwa 45 kg schäbenfreien Schwingflachs. Bei einem maximalen Gewinn von 20 bis 25% Langfasern leistet also die heutige Schwingturbine 100 bis 125 kg/h mit fünf Hilfskräften. Diese Kapazität entspricht einer Arbeitsleistung von 50 bis 60 geübten Schwingerinnen am mechanischen belgischen Schwingstand (wobei natürlich alle Voraussetzungen erfüllt sein müssen).

Flachs nimmt als Stroh ganz beträchtlichen Transportraum in Anspruch; ein Kubikmeter birgt nach *A. Herzog* [6] nur 83 kg ungeröstetes Material, während der Ertrag von einem Hektar Land 3600 kg Strohflachs ergibt. So wird durchaus verständlich, wenn man im Interesse der kleineren Aufbereitungsanstalten und der kleineren Einzugsgebiete bzw. bei großen Netzweiten der zu erfassenden Kulturen, wie sie in der UdSSR vorliegen, zur Vermeidung langer und kostspieliger Transportwege die Entwicklung neuer Bastfaser-Aufbereitungsmaschinen weitertreibt. Besondere Bedeutung haben hierbei noch die für Schwingturbinen erforderlichen Anschaffungs- und Betriebskosten, da nicht eine jede Aufbereitungsanstalt in der Lage sein dürfte, sich einer solchen Anlage zu bedienen, und der Export an kleinen Maschinen hoher Leistung sehr interessiert ist.

Aber für den Konstrukteur bietet das Problem der Isolierung der Faser noch wesentlichere Gesichtspunkte. Abb. 1 zeigt einen schematischen Querschnitt durch den Flachsstengel (Teilstück); hier sind die Faserbündel in ihrer Gruppenlage stärker gezeichnet. Dem Verlangen des Spinners nach einer erstklassigen Faser soll neben den Forderungen nach Wirtschaftlichkeit und einigen anderen Faktoren der Aufbereitung entsprochen werden. Der Anfall an Knick- und Schwingwerg muß zugunsten der Langfaserausbeute so gering wie möglich sein. Und da das Rohmaterial im allgemeinen und hinsichtlich der Stengellänge im besonderen ebenfalls eine sehr beachtliche Komponente im Leistungsbereich der Maschine darstellt, muß dieser Umstand in erster Linie berücksichtigt werden. Aus ihm soll ja die Qualitätsfaser herausgearbeitet werden.

In Abb. 2 wird die Passage eines Flachsstengels zwischen den bekannten Riffel- oder Knickwalzen gezeigt; hieraus erhellt, daß das Material an den Knickstellen stark gequetscht wird, während die zwischen diesen liegenden „Schäbenlängen" unberührt bleiben. Dies trifft natürlich nur dann zu, wenn die Zahl der Knickwalzenpaare beschränkt ist. Bei Knickmaschinen von 12 und 21 oder noch mehr Walzenpaaren kommt der Stengel infolge der Lagenänderung während der Passage völlig gekräuselt heraus.

Bei Druck- oder richtiger Schubbelastungen in axialer Stengelrichtung treten Ausknickungen der Faserbündel auf. In den Aufbereitungsmaschinen erfolgen Belastungen in dieser Richtung nicht. Die Strukturveränderungen, wie sie in Verschiebungen, Sprungrissen und Spaltrissen bzw. auch Ausknickungen in Erscheinung treten, haben als indirekte Ursache die Biegung. Die sogenannten Kreuzchen können kaum von stärkeren Abbiegungen durch Wind herrühren; es ist nicht ausgeschlossen, daß die Pflanze

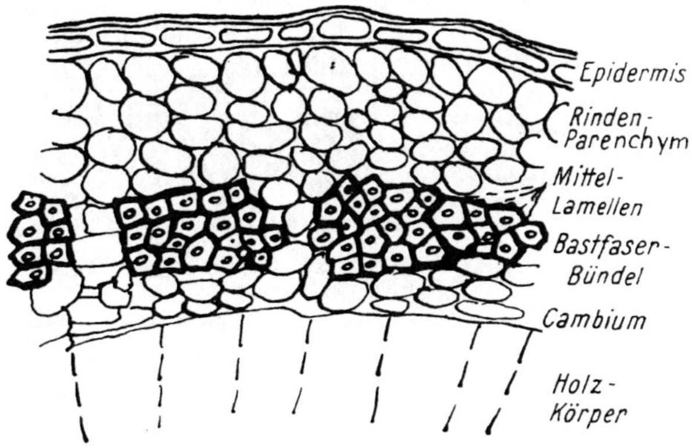

Abb. 1. Schematischer Stengelquerschnitt nach *Menzel* [9]

sich ihrer aus Gründen der erhöhten Festigkeit und statischen Sicherheit bedient.

Nach den Untersuchungen von *Ecker* [7] und *Schilling* [8] wird eindeutig festgestellt, daß der Flachs nicht immer die die Festigkeit beeinflussenden Verschiebungen im Stengel aufweist. Im Gewächshaus gezogener Flachs ist von Verschiebungen und Kreuzchen bzw. Rissen frei.

Dort, wo durch irgendwelche mechanische Einflüsse Beanspruchungen auftreten, erfolgt der Bruch zumeist an den Stellen solcher Verschiebungen. Sie durch sachgemäße Behandlung der Stengel zur Verhütung der Lockerung der Verbände von Lamellen und Fibrillen auszuschließen, muß zur Unterbindung wechselhafter Rösteinflüsse angestrebt werden. Bei der in Abb. 2 dargestellten Knickwirkung hat eine grobe Beanspruchung der Stengel stattgefunden, die sich im folgenden Schwingprozeß nachteilig bemerkbar macht.

Die Zahl der Verschiebungen ist um so geringer, je sorgfältiger die Behandlung der Stengel erfolgt. Schon das Raufen von Hand schließt Verschiebungen nicht aus; bei Verwendung der Raufmaschine sind solche durch die Griff- und Spannstellen in hoher Zahl zu

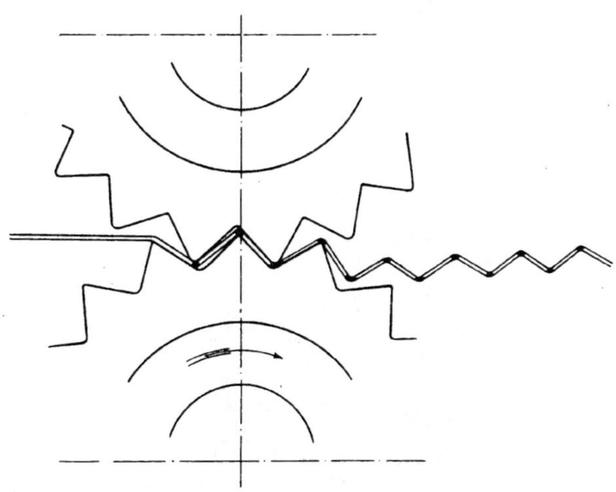

Abb. 2. Knickwalzenpassage

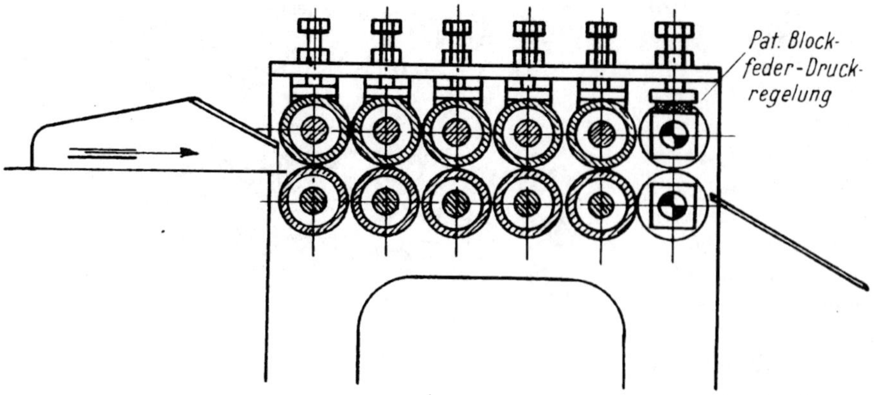

Abb. 3a. Schnittschema der Walzenpoke

verzeichnen. Die Bearbeitung von Röstflachs nach den heute geübten Methoden setzt die Serie von Anlässen dazu in Permanenz fort. Die Flucht in die Trennung von Faser und Holz auf rein chemischem Weg wird von *Menzel* [9] aus betriebstechnischen ebenso wie aus wirtschaftlichen Gründen verworfen. Die Weiterentwicklung der mechanischen Aufbereitung verbleibt hiernach und aus Gründen der Gewinnung einer wertvollen Faser als Schlußfolgerung bestehen, wobei auf die faserschonende Einwirkung von linearem Druck, wie er bei Quetschen der Stengel erfolgt, hinzuweisen ist.

Aus diesem Vorzug ergibt sich auch in ratio eine neue Konstruktionslinie, die das Knicken von Flachs grundsätzlich vermeidet und die früher in Sachsen, Westfalen u. a. mit dem Poken gewonnenen vorzüglichen Erfahrungen neu nutzt.

Die Flachs-Walzenpoke nach Abb. 3 und die Flachs-Schwingmaschine nach Abb. 4, aus jahrelangen Arbeiten entstandene und neue Wege beschreitende Flachs-Aufbereitungsmaschinen, kommen den aufgezeigten Bedingungen zweifelsohne sehr nahe.

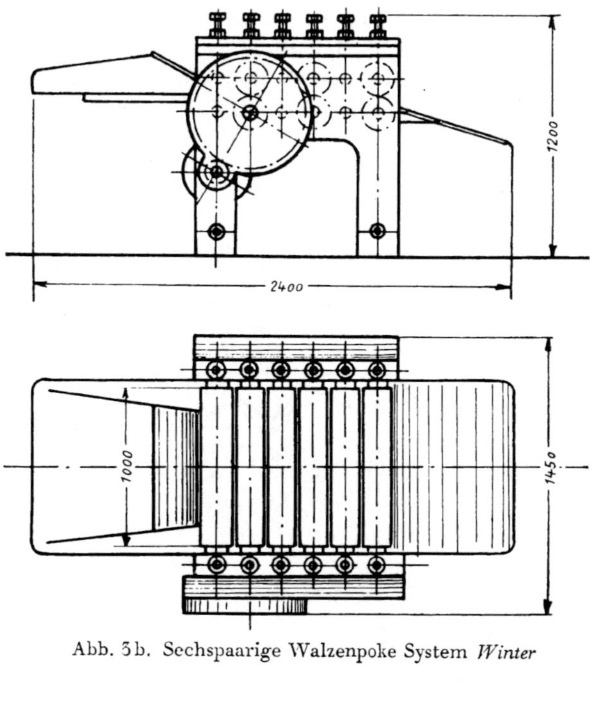

Abb. 3b. Sechspaarige Walzenpoke System *Winter*

Abb. 3a läßt die einfache und zweckmäßige Konstruktion der Walzenpoke erkennen; das Schnittschema zeigt auch die neue Blockfeder-Druckregelung. Diese Lösung ersetzt die alte Walzendruckregelung mittels Spiralfedern durch nur geringe Baumasse aufweisende, auf die Druckplatten aufvulkanisierte Gummiplatten. Dadurch werden die Spiralfedern und die teuren Druckkappen eingespart. Außerdem wird eine gleichmäßigere Druckverteilung auf die Lager und zugleich eine Dämpfung der Schwingungen und Geräusche erzielt. Ferner gestattet diese Verbesserung, in der Stuhlung ebenfalls geringere Baumasse anzuwenden.

Die Leistung der Maschine errechnet sich auf Grund der Steigerung der Umfangsgeschwindigkeit der Pokwalzen gegenüber jener bisher üblicher Knickwalzen auf eine Schluckfähigkeit von 400 bis 600 kg Röstflachs/h. Die hohe Leistung erreicht damit die Grenze der Möglichkeit manueller Beschickung.

Das Maschinengewicht wird zu 900 kg bestimmt für die in Abb. 3b dargestellte Maschinengröße.

Durch Einbau einer Walzenpoke in ein Schwingsystem entstand die in Abb. 4 im Schema ersichtliche Flachs-Schwingmaschine. Über ein gesteuertes, intermittierend arbeitendes Aufgabenband erfolgt die Zuführung des Röststrohes zur Walzenpoke, an derem Ausgang eine oder mehrere Haltewalzen (Einlaßwalzen)-Paare vor dem einen Schwingwalzenpaar angeordnet sind. Unter Zwischenschaltung je eines Haltewalzenpaares können auch weitere Schwingwalzenpaare in einer Gruppe zur Steigerung der Leistung bestehen. Die übereinanderliegenden Schwingwalzen unterscheiden sich von den bisher üblichen Konstruktionen durch schräge Messerstellung und Zentralluftflügel zur Verhinderung der Wickelbildung. Die Zahl der Schwingmesser ist im Interesse einer die Schwingintensität erhöhende Faserwellenbewegung geringer gehalten. Nach Passieren der ersten Schwinggruppe bleiben die wurzelseitigen Enden der Stengel erklärlicherweise ungenügend ausgeschwungen. Um sie ebenfalls schäbenfrei zu erhalten, bedarf es der Umkehrung des Schwinggutes. Sie wird nach Übernahme des Stengelvlieses durch das der ersten Schwinggruppe folgende Transportband mit konstanter Bewegung dadurch vollzogen, daß das Vlies auf das automatisch bewegte und intermittierend fördernde, das stationäre Transportband zum Zweck der Wendung unterfahrende Transportband übergeleitet

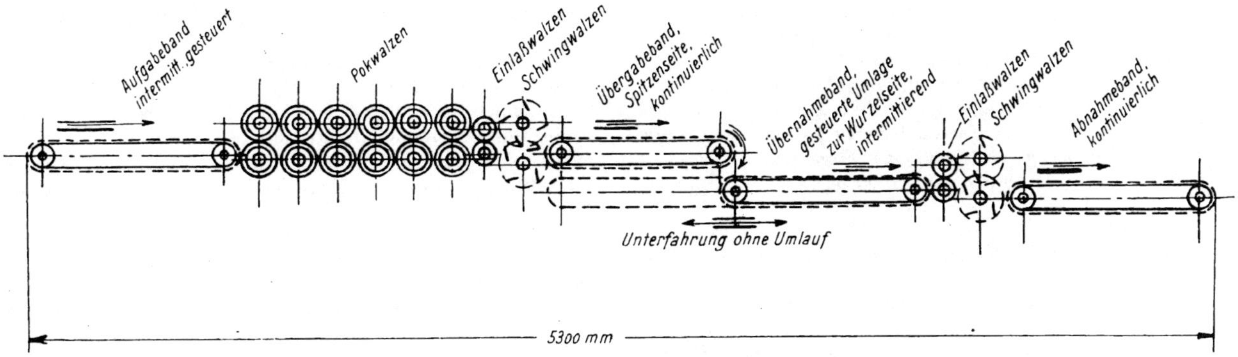

Abb. 4. Schnittschema der Flachs-Pok- und Schwingmaschine System *Winter*

wird. Bei Zurückführung desselben an die zweite Schwinggruppe passieren die Wurzelenden zuerst die Walzen. Mit der Rückkehr in diese Ausgangsstellung erfolgt auch im Endpunkt die Kupplung mit dem unterbrochenen Bandantrieb, in dessen Arbeitsrhythmus auch die Bewegung des ersten Aufgabebandes steht.

Den praktischen Erfahrungen entsprechend wird die zweite Schwinggruppe gleichfalls aus einem oder mehreren Schwingwalzenpaaren mit zwischengeschalteten Einlaßwalzen gebildet. Beim Ausgang aus dieser zweiten Gruppe soll der Flachs völlig rein geschwungen und der Anfall an Schwingwerg äußerst gering sein.

Literatur

[1] *Etrich, J.*, 70 Jahre Mechanisierung der Bastfaser-Aufbereitung. Klepzigs Textil-Z. **44** (1941) Nr. 26, S. 763/65; Nr. 39, S. 1091/93; **45** (1942) Nr. 1/2, S. 29/31; Nr. 17/18, S. 362 bis 364; Nr. 39/40, S. 770/73; **46** (1943) Nr. 1/2, S. 9/11; Allgem. Textil-Z. **1** (1943) Nr. 7, S. 218/19.

[2] *Pfuhl, E.*, Weitere Fortschritte in der Flachsgewinnung. Riga 1895, Verlag N. Kymmel.

[3] *Pfuhl, E.*, Fortschritte in der Flachsgewinnung. Riga 1886, Verlag N. Kymmel.

[4] *Rechenberger, O.*, und *Marshall, L. C.*, Der praktische Flachsspinner (Buch u. Atlas). Weimar 1888, B. F. Voigt.

[5] *Kuhnert, R.*, Der Flachs, seine Kultur und Verarbeitung. Berlin 1920, P. Parey.

[6] *Herzog, A.*, Was muß der Flachskäufer vom Flachsstengel wissen? Sorau 1918, Selbstverlag.

[7] *Ecker, E.*, Betrachtungen zu den mechanischen Einflüssen bei der Aufbereitung von Bastfasern. Allgem. Textil-Z. **1** (1943) Nr. 7, S. 207/12.

[8] *Schilling, E.*, Botanik und Kultur des Flachses, S. 158. In: Technologie der Textilfasern, Herausgeg. von Dr. *R. O. Herzog*, Bd. V, 1. Berlin 1930, Julius Springer.

[9] *Menzel, Kl.-Chr.*, Flockenbast. Melliand Textilber. **24** (1943) Nr. 4, S. 192.

Eingegangen am 25. Juni 1951

25 Jahre Textilnorm

Aus Anlaß des 25jährigen Bestehens des Textilnorm fand in Boppard am Rhein eine Mitarbeiter-Versammlung statt, zu der etwa 50 Teilnehmer erschienen waren. Die Association Francaise de Normalisation (AFNOR) hatte zu der Tagung einen Vertreter entsandt. Der schweizerische Normenausschuß gedachte des Jubiläums in einem in herzlichen Worten gehaltenen Glückwunschschreiben. Auch ein Vertreter der niederländischen Textilindustrie sandte herzliche Glückwünsche in Erinnerung an langjährige freundschaftliche Zusammenarbeit mit dem Textilnorm.

Der Vorsitzende des Textilnorm, Dr.-Ing. *Paul Esters*, Krefeld, gab der Hoffnung Ausdruck, daß die in den vergangenen 25 Jahren zum Wohle der gesamten Wirtschaft geleistete Normungsarbeit in Zukunft noch mehr als bisher die ihr gebührende Bedeutung erfahren möge. Er gedachte der Mitarbeiter, die durch ihre Anregung zur Normung von Einzelteilen an Textilmaschinen vor 25 Jahren den Anstoß zur Bildung des Fachnormenausschusses Textilmaschinen und Textilindustrie gegeben hatten, und auch aller, deren Name mit dem technischen Aufbau und der Organisation der Normungsarbeiten auf diesem Fachgebiet verbunden ist. In Würdigung seiner langjährigen erfolgreichen Tätigkeit wurde dem Geschäftsführer des Textilnorm, Ing. *Kurt Hentschel*, eine Ehrengabe überreicht.

Der zusammenfassende Bericht über die bisherige Tätigkeit des Textilnorm wurde durch den Geschäftsführer erstattet[1]. Er erinnerte daran, daß vor 25 Jahren vor allen Dingen der Gedanke der Normung in der Textilindustrie bekanntgemacht werden mußte. Es hat Jahre gedauert, bis die Bedeutung der Normungsarbeiten an praktischen Beispielen hinreichend gezeigt werden konnte. Zu den Normen des Textilmaschinenbaues, die den Anfang der Arbeiten bildeten, traten bald Normen der eigentlichen Textilindustrie, Prüfverfahren und Konditioniervorschriften. Wirtschaftliche und politische Krisen haben die Arbeit des Textilnorm nicht unbeeinflußt gelassen, sie jedoch nie zum Stillstand gebracht.

Der Beginn der internationalen Normungsarbeiten im Jahre 1936, für die Deutschland eines der beiden Sekretariate des Textilwesens verwaltete, brachte einen erneuten Aufschwung auch für die nationalen Normungsarbeiten. Die folgenden Kriegsjahre vertieften die Bedeutung des Normungsgedankens, jedoch erwuchs gleichzeitig die Gefahr der Zersplitterung, da mit Rücksicht auf die Kriegsbedürfnisse viele Arbeiten durch-

[1] Abzüge des vollständigen Textes des Geschäftsberichtes stehen, soweit noch vorrätig, Interessenten auf Anforderung bei der Geschäftsstelle des Textilnorm zur Verfügung.

geführt werden sollten, die unter normalen Verhältnissen keinen Bestand haben konnten. Von Arbeiten dieser Art hat sich der Textilnorm bewußt fern gehalten, so daß seine während des Krieges entstandenen Normen noch heute Geltung haben. Die Beziehungen über die Ländergrenzen hinaus wurden auch im Kriege nicht abgebrochen. Nach Kriegsende galt die erste Sorge der Wiederherstellung einer tragfähigen Organisation und einer Finanzierung der Arbeiten. Verschiedene Arbeitsausschüsse haben ihre Tätigkeit in vollem Umfange wieder aufgenommen, weitere sind in Bildung begriffen.

Den letzten Abschnitt des Berichtes bildete eine kritische Betrachtung des bisher Geleisteten, die zu der Feststellung führte, daß von seiten der Industrie noch mehr als bisher für die Einführung der Normen in die Praxis und für die Aufstellung neuer Normen getan werden müßte. Hier sollte man besonders auch die junge Generation zu Wort kommen lassen. Der Geschäftsführer machte bestimmte Vorschläge für den Ausbau der weiteren Arbeiten und gab dabei vor allem die Anregung, Normenkommissionen bei den einzelnen Fachverbänden und Arbeitsgemeinschaften zu bilden, soweit dies nicht schon geschehen ist.

Über die Anwendung der Textilnormen in der Industrie berichtete Dr.-Ing. *Wilhelm Bauer*, Offenburg. Er ging dabei vor allem auf die Notwendigkeit einheitlicher Begriffsbestimmungen ein und auf die Bemühungen zur Schaffung eines einheitlichen internationalen Garnnumerierungssystems, die von deutscher Seite aus stets stark gefördert worden sind.

Dr. *Heinz Müller-Holtz*, Krefeld, zeigte an zahlreichen Beispielen aus der Geschichte, Musik und Literatur, daß die Normung keineswegs eine Errungenschaft der Neuzeit ist, sondern ein naturgesetzlicher Vorgang, der lediglich zu verschiedenen Zeiten einen der jeweiligen Entwicklung entsprechenden Ausdruck gefunden hat. Hauptaufgabe der Normung ist es, die den gestellten Aufgaben innewohnenden Gesetze zu entdecken und die Normen dementsprechend zu gestalten. Ein besonders markantes Beispiel hierfür ist die geometrische Zahlenreihe, in Deutschland als Normungszahlen DIN 323, in Frankreich als Serie Renard bekannt. Der Textilveredlungsmaschinenbau hat bei seinen letzten Arbeiten weitgehend auf die Normungszahlenreihe Rücksicht genommen. Es ist erwähnenswert, daß auch auf anderen Gebieten, an die man früher nicht dachte, wie z. B. bei der Aufstellung einer Garnnummernreihe, die Anwendung der Normungszahlenreihe international erwogen wird. Die von zahlreichen Lichtbildern unterstützten, außerordentlich lebendigen Darlegungen des Vortragenden fanden lebhaften Beifall.

Neue Bücher

Wasser und Abwasser in der Textilindustrie. Von *Dr. M. Kehren.* Herausgegeben von der Schweizerischen Vereinigung von Färbereifachleuten. Basel 1951. 206 S.

Das Buch gibt eine eingehende Darstellung der Probleme der Wasser- und Abwasserfragen in der Textilindustrie und besonders auch der Textilveredlungsindustrie (Bleicherei, Wäscherei, Färberei usw.) sowie ihre Lösungen sowohl nach den älteren als auch den moderneren Verfahren.

Zunächst wird ein kurzer Überblick über die wichtigsten physikalischen und chemischen Eigenschaften des Wassers gegeben; es folgt eine Beschreibung der Eigenschaften und Zusammensetzung des gewöhnlich zur Verfügung stehenden Wassers, nämlich des Regenwassers, Kondenswassers, Oberflächenwassers und Grundwassers. — In einem weiteren Kapitel wird ausführlich geschildert, welche Anforderung an ein Betriebswasser für den jeweiligen Verwendungszweck, sei es Kesselspeisung, sei es Bleicherei, Wäscherei, Färberei usw. gestellt werden muß, damit der Betrieb störungsfrei und wirtschaftlich arbeiten kann und Qualitätsarbeit geleistet wird. Hierbei werden auch sehr einleuchtend die Mängel geschildert, die auftreten können, wenn das Wasser in bezug auf Härte, Eisen, Mangan und sonstige Verunreinigungen nicht einwandfrei ist.

Den Hauptteil des Buches nimmt die Beschreibung der Reinigungsverfahren des Betriebswassers ein, durch deren Anwendung ein dem jeweiligen Verwendungszweck entsprechendes einwandfreies Gebrauchswasser erzielt wird. Es werden die verschiedenen Verfahren der Klärung, Entsäuerung, Entgasung, Entölung, Enteisenung usw. beschrieben und erläutert. Ferner wird eingehend die Enthärtung des Wassers durch das Kalk-Soda-Verfahren und die Trinatriumphosphatreinigung geschildert und auf die Methoden der Unschädlichmachung der Härtebildner durch komplexbildende und dispergierende Chemikalien hingewiesen. Selbstverständlich werden die Enthärtungsmethoden nach dem Permutitverfahren und der Basenaustausch durch geeignete Kunstharze (Wofatite usw.) ausführlich behandelt. Auch die völlige Entsalzung des Wassers durch Austausch der Metallionen gegen H-Ionen und nachfolgende Beseitigung der freien Säuren durch Anionenaustauscher wird beschrieben.

Ein weiteres Kapitel befaßt sich mit der Reinigung und Beseitigung der Abwässer. Die Flockungs- und Absorptionsvorgänge werden erläutert, und das moderne „Niers-Verfahren", das vornehmlich auf der ausflockenden Wirkung der aus Eisengußspänen, Abwasser und Luft erzeugten Eisenoxydhydrate beruht, wird unter anderem behandelt.

Abschließend wird noch eine Zusammenstellung von Wasseruntersuchungsmethoden gegeben, bei deren Auswahl einfache Handhabung ohne komplizierte Apparate maßgebend war.

In diesem Zusammenhang darf wohl erwähnt werden, daß bei der Kieselsäurebestimmung auf Seite 193 die Konzentrationsangabe für die Kaliumchromatlösung fehlt, und daß es auf Seite 119 „verwandelt" statt „verwendet" heißen muß. Auch wäre es für weitere Auflagen empfehlenswert, die Bezeichnung „Grad Beaumé" fortfallen zu lassen und z. B. an Stelle von „80 g Essigsäure mit 6° Bé" „80 g Essigsäure mit dem spez. Gew. 1,045 bzw. mit 36,2 % CH_3COOH" zu sagen.

Der Verfasser hat es verstanden, seine große Sachkenntnis in äußerst klarer und anregender Weise anderen zu vermitteln. Dem Buch kann daher nur eine weite Verbreitung gewünscht werden, und zwar nicht nur in Textilkreisen, sondern auch in zahlreichen anderen Industrien, die sich mit Wasserfragen, z. B. Kesselwasser, Abwasser usw., zu befassen haben.

Druck und Ausstattung des Buches sind vorzüglich.

Feit

Rayon Fabric Construction. Von *A. T. Robinson*, M. Sc. (Techn.). Manchester 1951, Thomas Skinner & Co., Ltd., 180 S. (in englischer Sprache), 25 sh.

In der Einleitung behandelt der Verfasser die Entwicklung und Einführung der Kunstseide im Vergleich zur Naturseide. Die Vorzüge der Kunstseide, die Schwierigkeiten bei ihrer Herstellung und Verarbeitung, aber auch die Preisgestaltung sind Gegenstand eingehender Betrachtungen.

Die durchschnittlichen Feinheitsnummern der Naturfasern werden denen der Kunstseide gegenübergestellt. Ein großer Teil des Buches ist den vielseitigen Möglichkeiten des Einsatzes von Viskose-, Kupfer- und Azetatkunstseide unter Angabe der Fabrikationsbedingungen für Kleider- und Dekorationsstoffe gewidmet. Der Verfasser geht in den einzelnen Abschnitten sehr ausführlich auf die Herstellung der verschiedensten Kreppgewebe ein unter Angabe der Webstuhlbreiten, Blattdichten, Garnnummern und Gewebewichten, auf die Erzeugung der Kreppgewebe wie Crêpe Marocain, Crêpe Satin, Crêpe de Chine usw. Ein besonderes Kapitel behandelt die Mooskreppfabrikation, wofür Bindungsbeispiele und Standardeinstellungen angegeben werden. Des weiteren wird die Herstellung von Azetat- und Jacquardpiqué, von großgemusterten Kleiderstoffen behandelt, wobei der gesamte Arbeitsgang vom Kartenschlag bis zur fertigen Ware mit fabrikatorischen Angaben beschrieben wird.

Der Technik der Kunstseiden-Cloqués unter Berücksichtigung der Bindungstechnik, der Einstellung sowie der verwendeten Titer ist eine besondere Studie gewidmet. Ferner werden Möglichkeiten genannt und Anregungen für die Herstellung von Effektgarnen aus Kunstseide für Kleiderstoffe gegeben. Abschließend geht der Verfasser auch auf den Einsatz von Kunstseiden bei der Herstellung gemusterter Möbelstoffe ein.

Das in Kunstdruckpapier sehr gut ausgestattete Buch enthält 274 Abbildungen aller Waren und Bindungen. Für den Seidenweber, den Kleider- und Möbelstoffweber, den Bindungstechniker und Flächenkünstler ist es ein wertvolles Handbuch, das dem heutigen Stand der Technik entspricht. *Frenzel*

Die neueren Ergebnisse der Stärkeforschung. Von *Kurt Heyns*. (Sammlung „Die Wissenschaft", Band 103). Braunschweig 1949, Verlag Vieweg u. Sohn, 148 Seiten, DM 6,50.

Die Stärke, ein in der Natur weitverbreiteter wichtiger organischer Rohstoff, ist mannigfaltigster technologischer Anwendung fähig. Mit ihm beschäftigen sich eine große Anzahl verschiedenster Industrien. Chemie, Kolloidchemie, Biochemie, Botanik, Physiologie, Medizin, Stoffwechsellehre; Ernährungswissenschaft, Nahrungsmitteltechnik und -gewerbe, Klebstoff-, Appreturmittel-, Kunststoff-, Papier-, Textil-, Gießerei-Industrien, Gärungstechnik, um die wichtigsten zu nennen, haben Berührungspunkte mit der Stärke. Und trotz der großen Verbreitung der Stärke in der Natur und trotz ihrer mannigfaltigen Anwendbarkeit sind doch recht zahlreiche Fragen zum Problem des Aufbaues der Stärke ungeklärt, und die Ansichten der einzelnen Forscher sind nicht einheitlich. Erschwerend bei der Beschäftigung mit der Stärke wirkt sich die Beschaffung der oft schwer zugänglichen Originalliteratur aus. Hier greift die Arbeit des Verfassers in dankenswerter Weise ein, indem sie die neueren Ergebnisse der Stärkeforschung einem weiteren Personenkreis zugänglich macht. Ausgehend vom Stand der Stärkeforschung bis 1937, werden in übersichtlicher Weise die wichtigsten Probleme der Stärke — wie Teilchengröße, Konstitution, Morphologie, Viskosität und Quellung, Stärkesubstanz und fermentativer Abbau — behandelt. Vieles vermißt man, aber bei dem Umfange der Arbeit müssen manche Wünsche zurückgesteckt werden. Es handelt sich um keine regelrechte Einführung in das Gebiet der Stärke, sondern der Verfasser bringt nur eine zusammenfassende, referierende Darstellung der neueren Ergebnisse der Stärkeforschung. Gewisse Vorkenntnisse werden vorausgesetzt. Wer mehr erfahren will, der wird das reiche Literaturverzeichnis dankbar begrüßen. Der Verfasser behandelt kurz auch die neueren Ergebnisse über Konstitution und Eigenschaften des Glykogens und anderer Polyglukosane, womit die Stärke in einen größeren Rahmen gestellt wird. Die Arbeit des Verfassers gilt vor allem denjenigen, die — dem Gebiete der Stärke ferner stehend — einen schnellen Überblick über die Probleme der Stärke gewinnen wollen. *Ulmann*

Kurznachrichten

Laboratoriumsneubau des Instituts für Faserstoff-Forschung der Deutschen Akademie der Wissenschaften zu Berlin

In Teltow-Seehof beging das Institut für Faserstoff-Forschung in Gegenwart des Präsidenten der Deutschen Akademie der Wissenschaften zu Berlin, *Prof. Dr. phil. W. Friedrich*, die feierliche Grundsteinlegung seines neuen Laboratoriumgebäudes. Das Gebäude stellt, wie der Direktor des Institus, *Dr. E. Correns*, ausführte, die erste Stufe des geplanten Ausbaues dar und soll hauptsächlich die Laboratorien der Abteilung „Synthetische Fasern" und der „Analytischen Abteilung" sowie vorübergehend die Abteilung Kunststoffe des Instituts für organische Chemie aufnehmen. Besonderer Wert wurde auch auf die Schaffung von Arbeitsplätzen für die systematische Ausbildung des Nachwuchses gelegt.

Dr. Correns, Mitglied der Deutschen Akademie der Wissenschaften zu Berlin

Der Direktor des Instituts für Faserstoff-Forschung der Deutschen Akademie der Wissenschaften zu Berlin, *Dr. Erich Correns*, wurde anläßlich des Leibniz-Tages der Akademie als ordentliches Mitglied in den Kreis der Akademie eingeführt.

Dr. Correns arbeitete an verschiedenen Forschungs- und Industrie-Laboratorien auf dem Gebiete der Cellulosechemie und der Kunstfasern und war längere Zeit in Betrieben tätig. Er war am Aufbau der jetzigen Thüringischen Kunstfaserwerke „Wilhelm Pieck" Schwarza VEB maßgeblich beteiligt und hat im Jahre 1948 seine frühere Tätigkeit in diesem Werk als Werkleiter wieder aufgenommen, nachdem er ab 1945 vorübergehend in einer Zellstoffabrik für die Versorgung unserer Kunstfaserindustrie mit Zellstoff arbeitete. 1949 übernahm er außerdem die Leitung des neugegründeten Instituts für Faserstoff-Forschung, dem er sich ab 1951 allein widmet.

Solaminlichtfarbstoffe der Farbenfabrik Wolfen

Die Farbenfabrik Wolfen, Abteilung der Sowjetischen Staatlichen Aktiengesellschaft „Kaustik", bringt zur Unterrichtung der Textilveredelungsbetriebe Zirkulare ihrer Neuerscheinungen heraus. Von den im letzten Jahr geschaffenen Solaminlichtfarbstoffen liegen z. Zt. folgende vor:

Solaminlichtgelb R extra und 3 RLN hochkonz.;
Solaminlichtorange 3 R extra konz.;
Solaminlichtbraun RT und 3 R;
Solaminlichtblau FF 2 GL, F 3 GL und BRR;
Solaminviskoseblau RL;
Solaminlichtgrau R extra konz.

Die Karten enthalten Angaben über die Anwendungsmöglichkeiten, Färbeverfahren für die verschiedenen Faserarten, Echtheitseigenschaften, Empfindlichkeiten usw. sowie behandelte Stoffproben.

Patentschau 6/1951

Bearbeitet von der Abteilung Wissenschaftliches Berichtswesen im Institut für Faserstoff-Forschung, Teltow-Seehof, Kantstr. 55

Cellulose- und Cellulose-Derivatfasern

Verfahren zur Herstellung von Textilmaterialien. *Celanese Corp. of America*. USP 2531513. 5. 4. 45/28. 11. 50.

Verspinnen von Viskose. *E. I. du Pont de Nemours & Co.* USP 2535044. 26. 7. 47/26. 12. 50.

Verspinnen von Viskose. *E. I. du Pont de Nemours & Co.* USP 2535045. 26. 4. 47/26. 12. 50.

Verspinnen von Viskose. *E. I. du Pont de Nemours & Co.* USP 2536014. 14. 2. 46/26. 12. 50.

Kunstseide. (Verspinnen von Viskose; Abziehen der Fäden unter verschiedenen Spannungsbedingungen zur Herstellung gekräuselter Fäden.) *Rayonier, Inc.* BP 602533 vom 18. 10. 44.

Kunstseide. (Verspinnen von Viskose zur Herstellung von Fäden mit verbesserter Biegefestigkeit). *Canadium International Paper Co.* BP 603131 vom 12. 12. 44.

Fäden, Filme aus regenerierter Cellulose. (Erhitzen von Cellulosefasern usw. in einem geschlossenen Behälter unter Beibehaltung eines Feuchtigkeitsgehaltes von 17 bis 25% zur Herabsetzung der Quellfähigkeit). *Abbey, A.* (*Naamenlooze Vennootschap Onderzoekings-Instituut Research*). BP 603863 vom 1. 11. 45.

Kunstseide. (Fäden von großer Festigkeit durch Verspinnen von Viskose in ein Bad, das Formaldehyd oder andere aliphatische Aldehyde enthält.) *Abbey, A.* (*Naamlooze Vennoozschap Onderzoekings-Instituut Research*). BP 603864 vom 1. 11. 45.

Vollsynthetische Fasern

Herstellung von Glasgarn. *Mesne assignemnts to Owens-Corning Fiberglas Corp.* USP 2531571. 21. 4. 45/28. 11. 50.

Herstellung von Polyäthylen-Terephthalat. *E. I. du Pont de Nemours & Co.* USP 2534028. 13. 5. 48/12. 12. 50.

Polyvinylmassen mit verbesserter Lichtechtheit und Verfahren zu ihrer Herstellung. *Rhodiaceta, Paris.* USP 2535649. 27. 3. 47/26. 12. 50.

Kunstfäden; Verstrecken. (Trockenversponnene Fäden aus hydrolysierten Äthylen/Vinylorganischen Ester-Kopolymeren mit besserer Festigkeit und geringer Sprödigkeit.) *E. I. du Pont de Nemours & Co.* BP 602549 vom 1. 10. 44.

Kunstfäden; Verstrecken. (Fäden aus hydrolysiertem Äthylen/Vinylorganischen Ester-Kopolymeren mit verbesserter Anfärbbarkeit und Dehnbarkeit durch Verstrecken unter besonderen Bedingungen und Erhitzen der Fäden im gestrafften Zustand.) *E. I. du Pont de Nemours & Co.* BP 602550 vom 18. 10. 44.

Polyvinylchlorid-Harzverbindungen und Fäden, Filme. (Herstellung von künstlichem Roßhaar, Fäden usw. durch Trockenspinnen.) *Soc. Rhodiaceta, Paris.* BP 603040 vom 4. 8. 44.

Kunstseide (Schmelzspinnen und Kaltverstrecken von Polymethylenterephthalat.) *Whinfield, J. R.*, und *Dickson, J. T.* BP 603827 vom 5. 11. 45.

Kunstfäden, -garne. (Herstellen und Verstrecken von Fäden aus hochpolymerisierten linearen Estern aus Glykol und Terephthalsäure.) *Little, A. H.*, und *Imperial Chemical Industries, Ltd.* BP 603838 vom 22. 3. 46.

Polyestergarne und -gewebe. (Herstellung von Polyestergarnen zur Weiterverarbeitung auf Kreppgewebe.) *Osborne, W. F.*, und *Imperial Chemical Industries, Ltd.* BP 603839 vom 22. 3. 46.

Kunstfäden, -filme. (Herstellen und Verstrecken von Polyesterfäden und -filmen.) *Leben, L.*, *Little, A.*, und *Imperial Chemical Industries, Ltd.* BP 603840 vom 22. 5. 46.

Künstliches Garn. (Stapelfasergarne aus Polyestern.) *Little, A. H.*, und *Imperial Chemical Industries, Ltd.* BP 603841 vom 22. 3. 46.

Verstrecken von Fäden aus aromatischen Polyestern. (Verstrecken im angefeuchteten Zustand.) *Reynolds, R. J. W.*, *Wood, L.*, und *Imperial Chemical Industries, Ltd.* BP 603842 vom 28. 3. 44.

Verstrecken von Fäden aus Polyterephthalsäureäthylester. (Verstrecken durch Abziehen über erhitzte und nicht erhitzte Walzen, die mit verschiedenen Geschwindigkeiten rotieren.) *McCreath, D.*, *Wood, L.*, und *Imperial Chemical Industries, Ltd.* BP 603843 vom 28. 3. 46.

Polyacrylnitrilverbindungen. (Lösungen von Polyacrylnitril in einem organischen stickstoffhaltigen Lösungsmittel zur Herstellung von Fäden.) *E. I. du Pont de Nemours & Co.* BP 603873 vom 4. 11. 44.

Alkydharze. (Alkydharze aus Naphthalindicarbonsäuren und Glykol zur Herstellung von Fäden.) *Cook, J. G.*, *Huggill, H. P. W.*, *Lowe, A. R.*, und *Imperial Chemical Industries, Ltd.* BP 604073 vom 23. 11. 45.

Alkydharze. (Alkydharze aus Säuren vom Typ

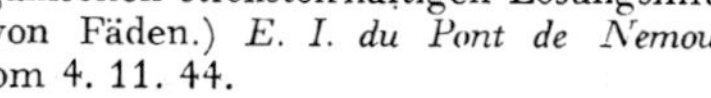

und Glykol zur Herstellung von Fäden; R = sauerstoffhaltige Verbindung.) *Cook, J. G.*, *Dickson, J. T.*, *Huggill, H. P. W.*, *Lowe, A. R.*, und *Imperial Chemical Industries, Ltd.* BP 604074 vom 23. 11. 45.

Alkydharze. (Alkydharze aus Säuren vom Typ

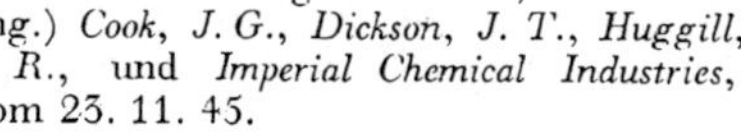

und Glykol zur Herstellung von Fäden; R = schwefelhaltige Verbindung.) *Lowe, A. R.*, und *Imperial Chemical Industries, Ltd.* BP 604075 vom 23. 11. 45.

Polyvinylchloridfäden, -filme. (Trockenspinnen von Polyvinylchlorid aus einer Lösung von CS_2 und Aceton.) *Soc. Rhodiaceta, Paris.* BP 604234 vom 5. 5. 42.

Synthetische Harze. (Hochpolymere lineare Ester durch Erhitzen von Säuren oder deren esterbildenden Derivaten vom Typ

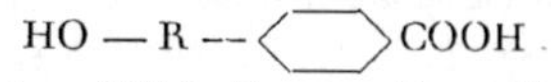

R = $(CH_2)_x$ oder $(CH_2)_x$-O, zur Herstellung von Fäden.) *Cook, J. G.*, *Dickson, J. T.*, *Lowe, A. R.*, *Whinfield, J. R.*, und *Imperial Chemical Industries, Ltd.* BP 604985 vom 11. 12. 45.

Kunststoffe

Polyurethan-Überzugsmassen. *Hercules Powder Comp., Wilmington.* USP 2531392. 8. 9. 48/18. 11. 50.

Interpolymere aus Acrylnitril und Itaconsäure. *Industrial Rayon Corp., Cleveland, Ohio.* USP 2531408. 13. 12. 46/28. 11. 50.

Interpolymere aus Acrylnitril und Fumardinitril. *Industrial Rayon Corp., Cleveland, Ohio.* USP 2531409. 13. 12. 46/28. 11. 50.

Ternäre Interpolymere aus Acrylnitril und N-substituierten Melaminsäuren. *Eastman Kodak Comp., Rochester, N. Y.* USP 2533204 23. 11. 49/12. 12. 50.

Verfahren zur Mischpolymerisation von Monomeren. *Shell Development Comp., San Francisco, Calif.* USP 2534108. 8. 8. 46/12. 12. 50.

Herstellung von Polysulfonamid-Polymeren. *British Celanese Ltd.* USP 2534347. 17. 2. 50/19. 12. 50.

Stabilisierte Vinylchlorid-Polymere. *Monsanto Chemical Comp., St. Louis, Mo.* USP 2534936. 10. 8. 48/19. 12. 50.

Cellulose und Zellstoff

Auflösen von regenerierter Cellulose in einem Harnstoff-Alkalistannat-Lösungsmittel. *United Merchants and Manufacturers, Inc., Wilmington.* USP 2533598. 10. 5. 49/12. 12. 50.

Verfahren zur Herstellung gemischter Celluloseester. *American Viscose Corp., Wilmington.* USP 2534371. 21. 2. 48/19. 12. 50.

Spinnlösungen. (Zusatz von Farbstoffen zur Lösung von Celluloseacetat oder zur Schmelze fadenbildender Polymerer vor dem Spinnen.) *Olpin, H. C.*, und *Wosson, A. J.* BP 603862 vom 1. 11. 45.

Herstellung von Cellulose. (Erleichterte Ligninentfernung aus Holz durch Einwirken von Ultraschall.) *Mo Och Domjo Aktiobolag.* BP 604864 vom 6. 12. 45.

Bleichen von technischem Holzzellstoff. *Buffalo Electro-Chemical Co., Inc.* BP 604050 vom 22. 11. 45.

Faserbearbeitung, Textilbearbeitung

Behandlung von Textilmaterial aus Celullose, um seine Wasserabsorptionsfähigkeit zu erhöhen. *Pacific Mills, Boston, Mass.* USP 2532183. 18. 8. 48/28. 11. 50.

Immunisieren von Nylon mit sulfurierten Phenolen gegen Färbungen. *Sandoz Ltd., Basel, Switzerland.* USP 2533100. 15. 4. 48/5. 12. 50.

Färben von Superpolyamiden oder Superpolyurethanen. (Verbesserte Lichtechtheit von Textilmaterialien aus Superpolyamid- oder Superpolyurethanverbindungen, die mit Küpenfarbstoffen gefärbt wurden, durch eine nachfolgende Dampfbehandlung bei erhöhtem Druck.) *Durand & Huguenin AG.* BP 603154 vom 10. 1. 44.

Kunstspinnfasern. (Herstellung von Stapelfasern aus Cellulosederivaten, z. B. Celluloseacetat, -propionat usw.) *British Celanese, Ltd.* BP 604163 vom 7. 11. 44.

Maschinen zum Herstellen, Nachbehandeln und Aufmachen von Kunstfasern

Verfahren zum Spinnen künstlicher Fäden. *American Viscose Corp., Wilmington.* USP 2532465. 22. 4. 44/5. 12. 50.

Kettwinden von Spinnkuchen. *American Viscose Corp., Wilmington.* USP 2534339 4. 4. 44/19. 12. 50.

Kettwinden von Spinnkuchen. *American Viscose Corp., Wilmington.* USP 2534340. 4. 4. 44/19. 12. 50.

Sonderfragen

Verfahren zur Rückgewinnung von Kupferoxyd und eines d-Tartrat, aus einer Spinnlösung. *Beaunit Mills, Inc. N. Y.* USP 2532308. 8. 8. 46/5. 12. 50.

Färben von Acrylnitrilpolymeren durch Behandeln mit einem unlöslichen Azofarbstoff und anschließendes Erhitzen. *American Viscose Corp., Wilmington.* USP 2532437. 15. 3. 49/5. 12. 50.

Zeitschriftenschau 8/1951

Bearbeitet von der Abteilung Wissenschaftliches Berichtswesen im Institut für Faserstoff-Forschung, Teltow-Seehof, Kantstr. 55

Grundlagen

Alfrey jr., *T.*, *Bohrer*, *J.*, *Hass*, *H.*, und *Lewis*, *Ch.*, Experimentelle Untersuchungen über die Kopolymerisation. J. Polymer Sci. **5** (1950) Nr. 6, S. 719/26.

Ecochard, *F.*, Die Auswirkungen der thermischen Dilatation von Polyamiden. J. Polymer Sci. **6** (1951) Nr. 5, S. 601/08.

Horio, *M.*, Kolloidchemische Grundlagen über die Auswirkungen des Fällbades auf Viskose. Text. Res. J. **20** (1950) Nr. 6, S. 373/81.

Flory, *P. J.*, und *Fox*, *T. O.*, Grundviskosität. J. amer. chem. Soc. **73** (1951) Nr. 5, S. 1904/08.

Frank, *H. P.*, und *Breitenbach*, *I. W.*, Über den Einfluß der Molekulargewichtsverteilung auf die Beziehungen zwischen Grundviskosität und Molekulargewicht. J. Polymer Sci. **6** (1951) Nr. 5, S. 609/16.

Basu, *S.*, Molekulargewichtsbestimmung von Nylon durch Endgruppentitration. J. Polymer Sci. **5** (1950) Nr. 6, S. 735/36.

Gilbert, *G. A.*, *Graff-Baker*, *C.*, und *Greenwood*, *C. T.*, Molekulargewichtsbestimmung von Hochpolymeren durch Messung der osmotischen Drucke bei niedrigen Konzentrationen. J. Polymer Sci. **6** (1951) Nr. 5, S. 585/600.

Funk jr., *C. E.*, Partialdruck von Acrylnitril über H_2O. Ind. Engng. Chem. **43** (1951) Nr. 5, S. 1152/54 (Reindarstellung von Acrylnitril durch Destillation).

Brill, *R.*, und *Mark*, *H.*, Kristallisation linearer Makromoleküle. Z. Elektrochem. angew. physik. Chem. 55 (1951) Nr. 3, S. 202/07.

Prüfverfahren

Qualitätskontrolle von Textilien. Text. Wkly. **47** (1951) Nr. 1208, S. 1280 u. 1282. (Kurze Beschreibung neuer Prüfgeräte zur Messung a) der Fluidität von Cuprammonium-Lösungen der Cellulose, b) des Weißgehaltes, c) der Absorption, d) der Fluoreszenzerscheinung beim Bestrahlen mit UV-Licht, e) der Dehnbarkeit von Geweben.)

Whitwell, *J. C.*, *Bowen*, *C. F.*, und *Toner*, *R. K.*, Feuchtigkeitsbestimmung in Textilien durch elektrische Meßgeräte. Teil IV. Text. Res. J. **20** (1950) Nr. 6, S. 400/09.

Nopitsch, *M.*, Bakterielle Schäden an Textilien und ihre Verhütung II. Melliand Textilber. **32** (1951) Nr. 5, S. 344/46.

Wegener, *W.*, und *Questel*, *R.*, Untersuchungen über die Ursache der Zerstörung von nativen Faserstoffen durch Mikroorganismen I. Melliand Textilber. **32** (1951) Nr. 5, S. 346/49.

Budd, *Ch. B.*, Prüfverfahren zur Bestimmung der Ermüdungsfestigkeit von Reifencord. Text. Res. J. **21** (1951) Nr. 3, S. 174/79.

Painter, *E. V.*, *Chu*, *G. C.*, und *Morgan*, *H. M.*, Prüfung von Textilien mit dem Elmendorf-Reißfestigkeitsprüfer. Text. Res. J. **20** (1950) Nr. 6, S. 410/17.

Calkins, *E. W. S.*, Vergleich von Faser-„Feinheits"-Messungen. Text. Res. J. **20** (1950) Nr. 6, S. 426/33. (Vergleichsmessungen mit verschiedenen Instrumenten, gegenseitige Abhängigkeit der Faseroberfläche, des Faserumfangs, der Wandstärke und des Gewichts je Längeneinheit.)

Frank, *K.*, Prüfung von Textilien. Reyon, Synthetica, Zellwolle **29** (1951) Nr. 2, S. 70/73.

Hamby, *D. S.*, Prüfverfahren und deren Anwendung zur Verbesserung der Herstellungsverfahren. Text. Bulletin **77** (1951) Nr. 4, S. 66/71, 73. (Untersuchung der Reißfestigkeit, Faserfeinheit und Gleichmäßigkeit, des Feuchtigkeitsgehaltes usw.)

Blackshaw, *S.*, Anzahl der Fasern in Baumwollgarnquerschnitten. Rayon Synth. Text. 32 (1951) Nr. 5, S. 50 u. 52. (Entwicklung von Formeln zur Berechnung der Garnnummer.)

Mönch, *R.*, Einfache Versuchsanordnung zur Bestimmung des Wärmehaltungsgrades von Geweben. Textil- u. Faserstofftechnik **1** (1951) Nr. 2, S. 56/58.

Belloni, *A.*, Normen und Methoden bei der Analyse der Textilien. IV. Riv. Tessile **6** (1951) Nr. 4, S. 55/56.

Naturfasern

Goodings, *A. C.*, Betrachtungen über die Eigenschaften von Wolle, unter besonderer Berücksichtigung der Wollentfettung. Amer. Dyestuff Reporter **40** (1951) Nr. 2, S. P55/60.

Katz, *S. M.*, und *Tobolsky*, *A. V.*, Spannungsabnahme in Wollfasern. Text. Res. J. **20** (1950) Nr. 2, S. 87/94. (Spannungsabfall nach dem Behandeln mit $NaHSO_3$ und neutralen Salzlösungen.)

Brown, *A. E.*, *Hornstein*, *L. R.*, und *Harris*, *M.*, Chemische Modifizierung von Wolle — Behandeln mit Formaldehydlösungen. Text. Res. J. **21** (1951) Nr. 4, S. 222/27.

Alexander, *P.*, und *Earland*, *C.*, Die Subcutis-Membran, eine kürzlich entdeckte morphologische Komponente der Wollfasern. Text. Res. J. **20** (1950) Nr. 5, S. 298/300 und *Gralén*, *N.*, *Lagermalm*, *G.*, *Philip*, *B.*, Text. Res. J. **21** (1951) Nr. 4, S. 234/38.

Gralén, *N.*, *Lagermalm*, *G.*, und *Philip*, *B.*, Diskussion über „Die Subcutis-Membran, eine kürzlich entdeckte morphologische Komponente der Wollfaser von *P. Alexander*". Melliand Textilber. **32** (1951) Nr. 5, S. 350/52.

Alexander, *P.*, *Carter*, *D.*, *Earland*, *C.*, und *Ford*, *O. E.*, Veresterung der Carboxylgruppen in der Wolle. Biochem. J. **48** (1951) Nr. 5, S. 629/37.

Alexander, *P.*, *Carter*, *D.*, und *Johnson*, *K. G.*, Bildung einer Querbindung zwischen Lysin- und Tyrosinresten in der Wolle durch Reaktion mit Formaldehyd. Biochem. J. **48** (1951) Nr. 4, S. 435/41.

Alexander, *P.*, und *Gough*, *D.*, Über die Einwirkung von Oxydationsmitteln auf Wolle. 4. Reaktionsfähigkeit von Tyrosin. Biochem. J. **48** (1951) Nr. 4, S. 504/11.

Goldthwait, *Ch. F.*, *Smith*, *H. O.*, und *Roberts*, *F. T.*, Bestimmung des Reifegrades von Baumwollpflanzen durch spezielles Anfärben. Text. Res. J. **20** (1950) Nr. 2, S. 100/04.

Lübke, *A.*, Grüne Baumwolle und die Bestrebungen, farbige Baumwolle zu züchten. Reyon, Synthetica, Zellwolle **29** (1951) Nr. 2, S. 73/74.

Hermanns, *P. H.*, über einen Aufsatz von *Wakeham*, *H.*, Die Feinstruktur von Baumwollfasern aus Dichtemessungen. Text. Res. J. **20** (1950) Nr. 2, S. 108.

Wakeham, *H.*, und *Spicer*, *N.*, Festigkeit und schwache Stellen von Baumwollfasern. Text. Res. J. **21** (1951) Nr. 4, S. 187/94. (Polarisationsmikroskopische Untersuchungen über Faserbrüche unter verschiedenen Bedingungen.)

Hall, *A. I.*, Behandeln mit Formaldehyd. Wichtige neue Tatsachen über die Reaktionsfähigkeit von Baumwolle. Text Mercury Argus **124** (1951) Nr. 3238, S. 711/12, 714; Nr. 3239 S. 765, 767.

Cellulose- und Cellulose-Derivatfasern

Hermans, *P. H.*, Elektronenmikroskopische Untersuchung von Reyonquerschnitten in Verbindung mit lichtmikroskopischen Beobachtungen. Text. Res. J. **20** (1950) Nr. 2, S. 105/108.

Robert, *G.*, und *Levert*, *C.*, Schnellverfahren zur Bestimmung von Zellwolle in Baumwollgeweben. Teintex **16** (1951) Nr. 5, S. 255/56. (Anfärbbarkeit von Zellwolle durch Rosanilinfarbstoffe.)

Nobis, *H.*, Qualitätsfaktoren von Reyon, die den Verarbeiter der Viskose-, Kupfer- und Acetatreyon interessieren. Reyon, Synthetica, Zellwolle **29** (1951) Nr. 3, S. 112/114.

Vollsynthetische Fasern

Jentgen, H., Spinnverfahren bei der Herstellung von Nylon und Perlon. Reyon, Synthetica, Zellwolle **29** (1951) Nr. 1, S. 9/20.

Bobina-Perlon in der Spinnerei. Aus der Schriftenreihe der Kunstseidefabrik Bobingen. Reyon, Synthetica, Zellwolle **29** (1951) Nr. 1, S. 20/22.

Bobina-Perlon in Verarbeitung und Ausrüstung. Aus der Schriftenreihe der Kunstseidefabrik Bobingen. Reyon, Synthetica, Zellwolle **29** (1951) Nr. 3, S. 103.

Hausse in Acrylnitrilfasern. Chem.-Ing.-Techn. **23** (1951) Nr. 6, S. 146/47. (Kurzer Bericht über die Produktionskapazitäten amerikanischer Firmen.)

Arnett, L. M., *Meibohm, E. P. H.*, und *Smith, A. F.*, Neue Beobachtungen über die Kleinwinkelstreuung synthetischer Fasern. J. Polymer Sci. **5** (1950) Nr. 6, S. 737/38.

Meunier, P. L., Über das Färben neuer synthetischer Fasern. Amer. Dyestuff Reporter **40**, (1951) Nr. 2, S. P51/54. (Orlon, Orlon-Stapelfaser, Terylen.)

Schulze, A., Neuere Erfahrungen beim Verarbeiten synthetischer Fäden. Reyon, Synthetica, Zellwolle **29** (1951) Nr. 1, S. 23/24.

Über die Entwicklung und den Gebrauch der neuen synthetischen Textilfasern in den USA. Reyon, Synthetica, Zellwolle **29** (1951) Nr. 1, S. 25/27. (Aus dem Bericht einer englischen Studienkommission.)

Quantitative Trennung von perlonhaltigen Fasergemischen. Reyon, Synthetica, Zellwolle **29** (1951) Nr. 3, S. 106.

Abbot, N. I., Dehnung und Entspannung von Nylonfäden. Text. Res. J. **21** (1951) Nr. 4, S. 227/34. (Messungen bei verschiedener Belastungsdauer in Luft und Wasser.)

Nylon — physikalisch-chemische Eigenschaften. Du Pont-Nylon Technical Service 9.01/9.03.

Nylon — Hinweise für die Textilverarbeitung, Allgemeines. Du Pont-Nylon Technical Service 13.01/13.02. (Über das Bleichen von Fasergemischen und das Bleichen gefärbter Nylongewebe.)

Vogit, R. L., und *Newman, I. A.*, Verwendung von Nylongarn für bestimmte Zwecke. Text. Wld. **101** (1951) Nr. 3, S. 149. (Kurze Hinweise über die Verarbeitung besonderer Nylongarne.)

Douglas, G. T., Färben von Nylon — Theorie und Praxis. Amer. Dyestuff Reporter **40** (1951) Nr. 4, S. P122/P126.

McKee, B. N., und *Roseberry, E. D.*, Schmutzentfernung aus Nylon. Eine Untersuchung über die Auswirkung verschiedener Waschverfahren. Rayon Synth. Textiles **32** (1951) Nr. 5, S. 62/64 (wird fortgesetzt).

Axtmann, R. C., und *Sweet, A. T.*, Eine neue Möglichkeit zum Flammfestmachen von Nylon. Text. Wld. **101** (1951) Nr. 3, S. 130, 216. (Behandeln mit Thioharnstoff-Formaldehydharzen.)

Proteinfasern

Peterson, R. F., und *McDowell, R. S.*, Stabilisieren von Kaseinfasern durch Desaminierung. Text. Res. J. **20** (1950) Nr. 2, S.95/99

Henderson, J., Färben von „Ardil". Dyer, Text. Printer, Bleacher, Finisher **105** (1951) Nr. 9, S. 557/63.

Untersuchungen an „Ardil". Aus einem Vortrag von Dr. *Traill.* Dyer, Text. Printer, Bleacher, Finisher **105** (1951) Nr. 10, S. 631.

Kunststoffe

Woodland, P. C., und *Ziegler, E. E.*, Staubansammlungen auf Kunststoffen, als Folge elektrostatischer Aufladung. Mod. Plastics **28** (1951) Nr. 9, S. 95, 106 und 169, 171, 174, 177/78.

Müller, A., und *Herbst, M.*, Beitrag zur Kristallstruktur der Polyamide. Kunststoffe **41** (1951) Nr. 5, S. 145/47. (Bänder aus Polyaminocapronsäure-Ultramid B.)

Kunststoffe in der Textilindustrie. Text. Wkly. **47** (1951) Nr. 1204, S. 1014 und 1016. (Fortsetzung aus **47** (1951) Nr. 1203.)

Cellulose und Zellstoff

Andersson, O., Reihenuntersuchungen an Zellstoff und Papier, statistische Auswertung. Norsk Skogindustri **5** (1951) Nr. 3, S. 83/90. (Statistische Auswertung von Festigkeitsmessungen; Vergleich der nach verschiedenen Verfahren hergestellten Zellstoffe.)

Tolvi, E. K., Das Aufschlagen im Mill Beater und Jordan Refiner. Paperi ja Puu Papper och Trä B. **33** (1951) Nr. 5, S. 169/74. (Untersuchungen über den Einfluß des Aufschlagens und der Konsistenz auf die Festigkeit des Zellstoffs und den Energieverbrauch.)

Ivarsson, B., Molekulargewichtsbestimmung von Lignosulfonsäure durch Diffusion. Svensk Pappers Tidn. **54** (1951) Nr. 1, S. 1/18.

Herrent, P., und *Inoff, G.*, Potentiometrische Titration von Viskose III. (frz.) J. Polymer Sci. **5** (1950) Nr. 6, S. 727/32.

Hermans, P. H., und *Vermaas, D.*, Beitrag zur Dichtebestimmung von Cellulosefasern mit Hilfe des Flotationsverfahrens in CCl_4. J. Polymer. Sci. **5** (1950) Nr. 6, S. 734/35.

Ant-Wuorinen, O., Bestimmung von Carboxylgruppen in der Cellulose (engl.) Paperi ja Puu Papper och Trä B. **33** (1951) Nr. 4a, S. 105/14; Nr. 5, S. 174/81.

Sundman, J., *Saarnio, J.*, und *Gustafsson, Ch.*, Die Bestimmung der Kohlehydrate in Holzzellstoff (engl.). Paperi ja Puu Papper och Trä B **33** (1951) Nr. 4a, S. 115/21. (Quantitative Bestimmung der Kohlehydratzusammensetzung des Zellstoffs mit Hilfe der Papierchromatographie.)

Heterogene Hydrolyse von Methylcellulose. Beiträge zu einer Arbeit von *R. Steele* und *E. Pacsu.* Text. Res. J. **21** (1951) Nr. 3, S. 168/69.

Borgin, K., Ein neues Verfahren zur Bestimmung der Reaktionsfähigkeit von Cellulose beim Acetylieren (engl.). Norsk Skogind. **5** (1951) Nr. 3, S. 69/74. (Leitfähigkeitsänderungen der Acetylierungsmischung.)

Nicolas, M., Die Bedeutung der Viskositätsmessung in der Celluloseindustrie. Assoc. Techn. Industrie Papetiore **5** (1951) Nr. 2, S. 80/96. [Beilage zu: Papeterie **73** (1951) Nr. 3.]

Trayuard, M., Gegenwärtiger Stand und Aussichten in der Erforschung des Lignins. Assoc. Techn. Industrie Papetiere **5** (1951) Nr. 2, S. 96/103. [Beilage zu: Papetiere **73** (1951) Nr. 3.]

Ward jr., K., Kristallinität von Cellulose und deren Bedeutung für die Fasereigenschaften. Text. Res. J. **20** (1950) Nr. 6, S. 363/72.

Nickerson, R. F., Strukturuntersuchungen an Cellulose durch Veresterung mit Ameisensäure. Text. Res. J. **21** (1951) Nr. 4, S. 195/202.

Bealli, G., und *Jörgensen, L.*, Über den Verlauf der hydrolytischen Spaltung intermolekularer (interunit) Bindungen des Cellulosemoleküls. Text. Res. J. **21** (1951) Nr. 4, S. 203/14.

Doering, H., Über Theorie und Praxis der Alphacellulosebestimmungen. Papier **5** (1951) Nr. 7/8, S. 127/130.

Engelmann, H., Das verschiedene Verhalten von Baumwoll-Linters und Holzzellstoffen bei der Acetylierung. Papier **5** (1951) Nr. 9, S. 149/55.

Mannbro, N., Sulfitablauge als Kochlauge bei der Sulfatzellstoffkochung. Svensk Pappers Tidn. **54** (1951) Nr. 1, S. 19/24. Nr. 2, S. 61/69.

Poljak, A., Holzaufschluß mit Peressigsäure. II. Cellulosebestimmung mit Peressigsäure. Holz-Forsch. **5** (1951) Nr. 2, S. 31/33.

Bailey, A., UV-Absorptionsspektrum chromatographischer Fraktionen des Lignins. J. amer. chem. Soc. **73** (1951) Nr. 5, S. 2325/26.

Abrams, E., Mikrobiologischer Abbau von Cellulose während der ersten 72 Stunden der Einwirkung von Mikroorganismen. Text. Res. J. **20** (1950) Nr. 2, S. 71/86.

Greathouse, G. A., Celluloseabbau durch Mikroorganismen. Text. Res. J. **20** (1950) Nr. 4, S. 227/38. (65 Literaturhinweise.)

Herrent, P., und *Lude, A.*, Struktur und mechanisches Verhalten von Cellulosefasern. Text. Res. J. **21** (1951) Nr. 3, S. 137/43.

Glegg, R. E., Über die Oxydation von Cellulose mit CrO_3 — Ein neues Verfahren zur Bestimmung der Angreifbarkeit von Cellulose. Text. Res. J. **21** (1951) Nr. 3, S. 143/48.

Hermans, P. H., und *Weidinger, A.*, Kristallinität von Cellulose nach der Behandlung mit NaOH. (Merzerisierung.) J. Polymer Sci. **6** (1951) Nr. 5, S. 533/38.

Philipp, H. I., und *Bjork, C. F.*, Beziehungen zwischen Viskosität und Molekulargewicht von Celluloseacetat in Aceton. J. Polymer Sci. **6** (1951) Nr. 5, S. 549/62.

Vincent, G., *Sauka, R.*, und *Charamza, O.*, Technologische Verarbeitung von Zellstoffen aus Pappelhölzern. Papir a celulosa **6** (1951) Nr. 2, S. 28/36.

Kast, W., Röntgenstrukturuntersuchungen an Zellulosefasern. Melliand Textilber. **32** (1951) Nr. 5, S. 361/63.

Saizewa, A. F., und *Nikitin, N. I.*, Wäßrige Hydrolyse von Eichenholz. Z. angew. Chem. (russ.) **24** (1951) Nr. 4, S. 392/403.

Textilhilfsmittel

Weber, F., Zur neueren Entwicklung der optischen Bleichmittel. Melliand Textilber. **32** (1951) Nr. 5, S. 303/84.

Tabellarische Übersicht über die Anfärbbarkeit von Wolle und Nylon mit sauren Farbstoffen. Amer. Dyestuff Reporter **40** (1951) Nr. 3, S. P91/100.

Ringeissen, M., Untersuchungen über die Wirksamkeit von Reinigungsmitteln. Teintex **16** (1951) Nr. 5, S. 219/26.

Kadmer, E. Herwig, Über die Kolloidstruktur der Spinnöle und Schmälzen. Melliand Textilber. **32** (1951) Nr. 5, S. 377/83.

Schubert, E., Zum Problem der enzymatischen Entschlichtung. Melliand Textilber. **32** (1951) Nr. 5, S. 385/87.

Faserverarbeitung, Textilbearbeitung

Cocke, A. K., *Crowe, N. P.*, und *Woodell, R.*, Untersuchungen über die Einstufen-Überführung kontinuierlicher Reyonfäden in gesponnenes Garn. Text. Res. J. **21** (1951) Nr. 4, S. 248/55. (Direktspinnverfahren, Garneigenschaften.)

Entwicklung eines Kurzspinnverfahrens zur Herstellung von Zellwollgespinsten mit Kammgarncharakter. Textil u. Faserstoffechn. **1** (1951) Nr. 2, S. 35/37.

Schwarz, E. R., Betrachtungen über die Garnstruktur. Text. Res. J. **21** (1951) Nr. 3, S. 125/36.

Vincent, P. D., und *Brown, M. E.*, Über die Messung der Häufigkeit von Fadenbrüchen. Text. Mercury Argus **124** (1951) Nr. 3238, S. 704, 707, 709; Nr. 3239, S. 759, 760, 762.

Ludwig, K., Eigenschaften und Verarbeitung von Kunstseide. Reyon, Synthetica, Zellwolle **29** (1951) Nr. 2, S. 61/64.

Thomas, H. A., Reyon und andere Chemiefasern und -fäden. Text. Wkly. **47** (1951) Nr. 1205, S. 1070/72, 1074, 1076/78; Nr. 1206, S. 1134, 1136, 1138, 1140, 1142/43, 1145. (Neue Verwendungsmöglichkeiten.)

Bell, R. E., Kontinuierliches Bleichen mit Peroxyd. Canad. Text. J. **68** (1951) Nr. 8, S. 56,59 u. 61. (Verbesserung der Verfahren; Einzelheiten über deren Ausführung.)

Kontinuierliches Färben von Nylongeweben. Amer. Dyestuff Reporter **40** (1951) Nr. 1, S. P14/29 u. P32.

Saenger, G., Färben von Mischgarnen: Wolle-Nylon: Die „Erionyl-Farbstoffe". Fibre e Colori **1** (1951) Nr. 1, S. 51/52.

Preston, I. M., *Nimkar, M. V.*, und *Gundavda, S. P.*, Betrachtungen über Trocknen und Erhitzen von Textilien. VI. Modifizierungen, die durch thermische Behandlung hervorgerufen werden. J. Soc. Dyers Colourists **67** (1951) Nr. 5, S. 169/76.

Maschinen zum Herstellen, Nachbehandeln und Aufmachen von Kunstfasern

Leistungsbilanz des deutschen Textilmaschinenbaues. Ein Rundgang durch die Textilmaschinen-Ausstellung anläßlich der Leipziger Frühjahrsmesse 1951. Textil- und Faserstofftechn. **1** (1951) Nr. 1, S. 9/13.

Müller, F. H., Kontinuierliche Behandlung zum Stabilisieren von Garnen. Text. Wld. **101** (1951) Nr. 3, S. 132/33, 236 u. 238. (Kontinuierlich arbeitende Maschine zur chemischen Ausrüstung, zum Verstrecken und Trocknen von Baumwollgarnen und Garnen aus vollsynthetischen Fasern.)

Busch, W., Neue Schlichtmaschine für Perlon- und Nylongarne. Reyon, Synthetica, Zellwolle **29** (1951) Nr. 3, S. 100/02.

Planmäßige Entwicklung von Textilmaschinen-Neukonstruktionen. Lehren aus der Textilmaschinen-Ausstellung der Sowjetunion auf der Leipziger Frühjahrsmesse 1951. Textil- und Faserstofftechn. **1** (1951) Nr. 1, S. 13.

Niebergall, W., Kältebedarf von Vakuum-Xanthatknetern. Chem.-Ing.-Techn. **23** (1951) Nr. 5, S. 113/15.

Sonderfragen

Krell, E., Das moderne chemisch-physikalische Laboratorium. Neuentwicklungen auf der Leipziger Frühjahrsmesse 1951. Chem. Techn. **3** (1951) Nr. 5, S. 139/145.

Fabrini, E., Internationale Vereinheitlichung der Verfahren zur Bestimmung der Farbechtheit. Fibre e Colori **1** (1951) Nr. 1, S. 27, 29, 31/35, 37.

Entwicklungen in der Lichtechtheitsbewertung. Echtheitskomitee der Soc. of Dyers and Colourists. J. Soc. Dyers. Colourists **67** (1951) Nr. 5, S. 188/190.

Samson, T., Rationalisierung bei der Holzkocherei. Papir a celulosa. **6** (1951) Nr. 2, S. 43/48.

Erdtman, H., *Frank, A.*, und *Lindstedt, G.*, Bestandteile von Kiefernholz. Der Gehalt an Pinosylvinphenolen in schwedischen Kiefernhölzern (engl.). Svensk Papperstidning **54** (1951) Nr. 8, S. 275/79. (Beständigkeit von Kiefernhölzern gegen Mikroorganismen auf Grund des Pinosylvingehaltes (Pinosylvin = 3,5-Dioxystilben); Abhängigkeit des Pinosylvingehaltes vom Klima, Bodenbedingungen; analytische Verfahren zur Bestimmung des Pinosylvingehaltes.)

Piipponen, H., Über die Holzlagerung in Zellstoffbetrieben. Paperi ja Puu Papper och Trä B **33** (1951) Nr. 4a, S. 149/152.

Neue Glasfaserverfahren. Rayon Synth. Text. **32** (1951) Nr. 5, S. 36, 46. (Über die Verarbeitung von Glasfasern zu Geweben.)

Borninsky, J., Siebkontrolle bei der Holzmahlung. Przeglad Papierniczy **7** (1951) Nr. 2, S. 25/26.

Eckert, P., *Herr, E.*, und *Wilczkowiak, V.*, Die Herstellung von Dikarbonsäurehalogenamiden und ihre Salze sowie deren Verwendung zur Vernetzung der Zellulosefaser durch Urethanbildung. Reyon, Synthetica, Zellwolle, **29** (1951) Nr. 1, S. 2/8; Nr. 2, S. 43/53; Nr. 3, S. 89/99.

Regestad, O., Schwarzlaugeneindampfung — eine Literaturübersicht. Svensk Pappers Tidn. **54** (1951) Nr. 2, S. 35/51.

Hawel, J., Laboratoriumsuntersuchungen über die Eignung von Torf zur Papierherstellung. Przeglad Papierniczy **7** (1951) Nr. 2, S. 37/41.

Winkler, H., Beleuchtungsprobleme in der Kunstseidespinnerei. Reyon, Synthetica, Zellwolle **29** (1951) Nr. 3, S. 109/111.

Custis, R. L., Neue Isolierstoffe verlängern die Lebensdauer von Elektromotoren. Mat. & Meth., New York **33** (1951) Nr. 3, S. 74/75. (Über die Verwendung von Glasfasern.)

Die Zeitschrift „Faserforschung und Textiltechnik" erscheint monatlich in Heften zu 48 Seiten im Format DIN A 4. Der Preis des Einzelheftes beträgt DM 6,—. Die Berechnung erfolgt zu Beginn eines Quartals für 3 Hefte. Bestellungen sind im Gebiet der Deutschen Demokratischen Republik an eine Buchhandlung oder an das zuständige Postamt zu richten. Aus allen übrigen Teilen Deutschlands bittet der Verlag Bestellungen entweder über eine Buchhandlung oder direkt beim Akademie-Verlag GmbH., Berlin NW 7, Schiffbauerdamm 19, aufzugeben. Manuskriptsendungen von chemischen Beiträgen sind an Herrn Dr. Correns, Institut für Faserstoff-Forschung der Deutschen Akademie der Wissenschaften zu Berlin, Teltow-Seehof, und von technologischen Beiträgen an Herrn Prof. Dr.-Ing. Frenzel, Technische Hochschule Dresden, zu senden. Die Verfasser erhalten von größeren wissenschaftlichen Arbeiten 40 Sonderdrucke unentgeltlich. Für alle Literaturzitate sind die Vorschriften des Normblattes DIN 1502 und 1502 Beiblatt I maßgebend. Die Zitate müssen den Verfasser (mit den Anfangsbuchstaben der Vornamen), den vollständigen Titel der Arbeit und die Quelle mit Band, Seitenzahl und Erscheinungsjahr enthalten.

Verantwortlich für den Inhalt: Dr. Erich Correns, Institut für Faserstoff-Forschung der Deutschen Akademie der Wissenschaften zu Berlin, Teltow-Seehof, Fernruf: Teltow 49, und Prof. Dr.-Ing. Walter Frenzel, Technische Hochschule Dresden, Fernruf: Dresden 46114 und 46135. Für den Verlag: H. Kaesser Berlin. Verlag: Akademie-Verlag GmbH., Berlin NW7, Schiffbauerdamm 19 (Fernruf: 425571); Postscheckkonto 35021. Bestell- und Verlags-Nr. dieses Heftes 1014/2/8. Die Zeitschrift „Faserforschung und Textiltechnik" erscheint monatlich. Bezugspreis: vierteljährlich DM 18,— zuzügl. Bestellgeld. Verantwortlich für den Anzeigenteil: Curt F. W. Schreiber, Berlin. Druck: Thüringer Volksverlag GmbH., Altenburg/Th., Werk I (Pierer) — Veröffentlicht mit Genehmigung des Amtes für Information der DDR vom 21. 10. 1950.

Printed in Germany.

Unser ALTBEKANNTES
LAMEPON A
Jetzt
AUCH WIEDER LIEFERBAR
Reinigungs-Netz-Dispergier-Egalisier-und
Emulgier-Mittel
Pharma
VEREINIGUNG VOLKSEIGENER BETRIEBE
CHEMISCHE FABRIK GRÜNAU · BERLIN-GRÜNAU

DÜSEN
Schmälzung
bedingt
feinst verteilte
beständige
Emulsionen
Zellinol-Schmälzöle
ergeben sie!
WILHELM SCHÖN
WERDAU / SACHS.
CHEMISCHE FABRIK
gegr.1891

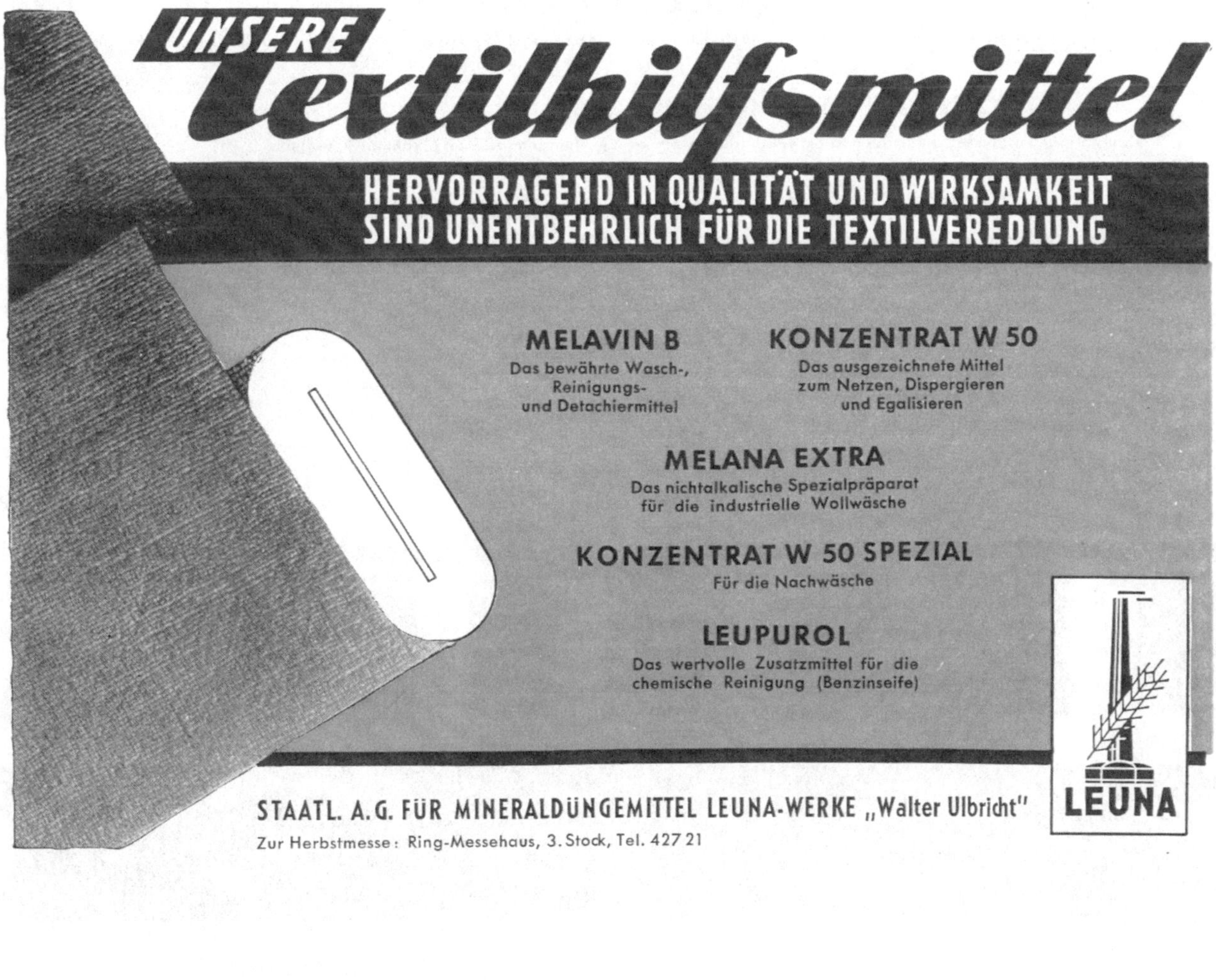
UNSERE
Textilhilfsmittel
HERVORRAGEND IN QUALITÄT UND WIRKSAMKEIT
SIND UNENTBEHRLICH FÜR DIE TEXTILVEREDLUNG
MELAVIN B
Das bewährte Wasch-,
Reinigungs-
und Detachiermittel
KONZENTRAT W 50
Das ausgezeichnete Mittel
zum Netzen, Dispergieren
und Egalisieren
MELANA EXTRA
Das nichtalkalische Spezialpräparat
für die industrielle Wollwäsche
KONZENTRAT W 50 SPEZIAL
Für die Nachwäsche
LEUPUROL
Das wertvolle Zusatzmittel für die
chemische Reinigung (Benzinseife)
LEUNA
STAATL. A.G. FÜR MINERALDÜNGEMITTEL LEUNA-WERKE „Walter Ulbricht"
Zur Herbstmesse: Ring-Messehaus, 3. Stock, Tel. 427 21

MASCHINEN FÜR DIE KUNSTFASERHERSTELLUNG

Spulenspinnmaschinen (Einspulensystem) für Kunstseide / Zellwolle-Spinnmaschinen / Zellwolle-Schneidmaschinen / Zellwolle-Nachbehandlungsmaschinen / Spinndüsen und Brausen

SPINNEREIMASCHINEN

Spinnereimaschinen für Streichgarn, Baumwollabfall- und Vigognegarn, Kammgarn, einschl. Wollwäscherei Baumwolle und Zellwolle, Bastfaseraufbereitung / Kratzen, Spindeln, Spinnflügel, Ringe und Ringläufer

ZWIRNEREIMASCHINEN

Ringzwirnmaschinen für alle Garnarten / Effektzwirnmaschinen / Zweietagen-Zwirnmaschinen / Präzisions-Kreuzspulmaschinen, geeignet für alle feinen Garne, besonders auch für Perlonseide / Weifen / Schuß-, Flaschen- und Kettenspulmaschinen / Kärtchen- und Knäuelwickelmaschinen

STRICK- UND WIRKMASCHINEN

Komplett-Flachstrumpfwirkmaschinen / 6teilige Fersenmaschinen / Kettenwirkmaschinen / Raschelmaschinen / Rundwirkmaschinen / Doppelzylinder-Rundstrickmaschinen / Rundrändermaschinen / Feinripp-Handrundstrickmaschinen Interlock-Rundstrickmaschinen / Feinripp-Rundstrickmaschinen / Hand- und Industrie Flachstrickmaschinen / Nadeln und Platinen

WEBEREIMASCHINEN

Hochleistungsschärmaschinen und Zettelgatter / Hochleistungs-Konus-Kettenschär- und Aufbäummaschinen / Webstühle für Baumwoll-Woll-, Zellwoll-, Leinen-, Jute-, Mischgewebe und andere Faserstoffe / Hochleistungs-Buckskin-Kurbelwebstühle / Jacquard-Kurbelwebstühle / Einschützige schwere Webstühle für Segeltuche, starke Drelle, Riementuche, Planenstoffe usw. / Webstühle für die Erzeugung von Gurten, Bremsbändern, Treibriemen aller Art bis zur schwersten Gattung / Schaftmaschinen / Jacquardmaschinen / Webschützen / Breithalter

VEREDLUNGSMASCHINEN

für Bleicherei, Färberei und Appretur für lose Textilien sowie Gewebe und Gewirke aus Wolle, Baumwolle, Zellwolle, Kunstseide und Seide / Färbeapparate für alle Textilien / Ausrüstungsmaschinen für Jute / Meß-Dublier- und Legemaschinen

MASCHINEN FÜR DIE WÄSCHEREI UND REINIGUNG

Doppeltrommel-Waschmaschinen / Wäschereizentrifugen / Heißmuldenmangeln / Bügelpressen / Bettfedernreinigungsmaschinen

NÄHMASCHINEN

Haushaltnähmaschinen / Industrie- und Gewerbenähmaschinen / Spezialnähmaschinen / Nähmaschinenteile

SCHUH-, SATTLER- UND LEDERINDUSTRIEMASCHINEN

Maschinen für die Schuhfabrikation, wie Zwick- und Bodenbefestigungsmaschinen usw. / Ausputzmaschinen / Hochleistungsmaschinen zur Herstellung von Leder- und Sattlerwaren, Stanzen, Schärfmaschinen, Pressen usw.

HUTHERSTELLUNGSMASCHINEN

Sämtliche Maschinen zur Haarhutherstellung von der Roh- bis zur Fertigfabrikation

TEXTIMA

FSC
www.fsc.org
MIX
Papier | Fördert gute Waldnutzung
FSC® C083411

Zeitfracht Medien GmbH
Ferdinand-Jühlke-Straße 7
99095 Erfurt, Deutschland
produktsicherheit@kolibri360.de